Aus Freude am Lesen

Jochen Schmidts Interessen sind vielfältig, und er beobachtet genau. So entstehen Texte, die ebenso klug wie humorvoll sind: Kurzgeschichten für die Chaussee der Enthusiasten, Comics, Kolumnen für die FAZ oder die Süddeutsche. In seinem neuen Buch gewährt Jochen Schmidt einen Blick in die Wunderkammer seines Schaffens, denn es vereint die besten Texte der letzten Jahre. Außerdem wird zum ersten Mal die beim Bachmann-Wettbewerb vorgetragene Erzählung »Abschied aus einer Umlaufbahn« veröffentlicht. Es geht um einen schwermütigen Kosmonauten, die zweitälteste Frau der Welt, Weihnachten bei den Eltern von Tocotronic, das Gefühl, als Zweiter Ball aufs Spielfeld zu rollen, und den Ironie-Man auf Hawaii.

JOCHEN SCHMIDT studierte Informatik, Germanistik und Romanistik an der Humboldt-Universität zu Berlin. 1999 erhielt er den Open-Mike-Literaturpreis der Literaturwerkstatt Berlin. Im selben Jahr gründete er die Lesebühne »Chaussee der Enthusiasten« mit. 2002 wurde er mit dem Publikumspreis des Steirischen Herbstes ausgezeichnet und 2004 mit dem Förderpreis zum Kasseler Literaturpreis für grotesken Humor. 2007 wurde er für den Ingeborg-Bachmann-Wettbewerb nominiert.

JOCHEN SCHMIDT BEI BTB
Schmidt liest Proust. Quadratur der Krise (74073)

Jochen Schmidt

Weltall.
Erde.
Mensch.

btb

MIX
Papier aus verantwor-
tungsvollen Quellen
FSC® C083411

Verlagsgruppe Random House FSC-DEU-0100
Das für dieses Buch verwendete
FSC®-zertifizierte Papier *Lux Cream*
liefert Stora Enso, Finnland.

1. Auflage
Genehmigte Taschenbuchausgabe März 2013,
btb Verlag in der Verlagsgruppe Random House GmbH, München
Copyright © der Originalausgabe 2010 by Verlag Voland & Quist –
Greinus und Wolter GbR
Umschlaggestaltung: semper smile, München
Umschlagmotive: © plainpicture / Helge Sauber; © iStockphoto /
Carsten Reisinger; © iStockphoto / 4khz
Druck und Einband: CPI – Clausen & Bosse, Leck
UB · Herstellung: sc
Printed in Germany
ISBN 978-3-442-74440-4

www.btb-verlag.de
www.facebook.com/btbverlag
Besuchen Sie auch unseren LiteraturBlog www.transatlantik.de!

INHALT

Ich könnte ein Fitnessstudio leiten
Oder Rentner beim Sterben begleiten
Ich könnte Lebensmittel produzieren
Oder mit so einem Tuch rumwedeln vor Stieren

Ich könnte eine Girlgroup promoten
Oder Särge bauen für die Toten
Ich könnte jeden Abend beim Bowlen
mich von meiner Frau erholen

Ich könnte Sushi kochen lernen
Oder Graffiti von der U-Bahn entfernen
Ich könnte meine Dielen abschleifen
Oder theoretische Physik begreifen

Ich könnte die Regierung stürzen
Oder mein Essen selber würzen
Ich könnte nach Ägypten trampen
Oder vor einer atomaren Wiederaufbereitungsanlage campen

Ich könnte mich von meiner Freundin trennen
Oder ich lerne sie erst mal kennen
Wir könnten mal wieder ein Kind erzeugen
Eins, das nicht aussieht wie Günther Verheugen

Ich könnte mir einen Anzug kaufen
Und auf dem Weg dorthin rückwärts laufen
Ich könnte Haschisch inhalieren
Oder meine Stullen beidseitig schmieren

Ich könnte Schlittschuhlaufen üben
Das ist gut bei depressiven Schüben
Ich könnte mal mit einem Menschen reden
Die haben ja immer so komische Schäden

Ich könnte Strohhalme aufeinanderstecken
Und vom Balkon aus Passanten necken
Ich könnte mir Wachs auf die Brustwarzen träufeln
Und meinen Kummer im Alkohol ersäufeln

Ich könnte mal ins Grüne fahren
Und mich mit einer Grünen paaren
Ich könnte Fliegen zu Tode quälen
Oder meine Treppenstufen zählen

Ich könnte mich für Tennis interessieren
Oder für irgendwas mit Tieren
Ich könnte eigentlich so viel machen
Aber ich muss ja immer was schreiben zum Lachen

Es gibt viele Gründe, die Erde zu verlassen, aber wenig Mittel. Das Schöne an der Schwerelosigkeit ist, dass man in ihr so wenig Menschen begegnet. Ich hatte schon immer vermutet, meine Gedanken erst im Weltraum ordnen zu können, seit jener Zeit im Leben, als ich zum ersten Mal das Bedürfnis hatte, mich flach ins Gras zu legen und den Blick in den leeren Himmel zu tauchen, um frei von jeder Ablenkung die wesentlichen Gedanken zu fassen, die ich in mir vermutete. Manchmal stelle ich mir vor, ich wäre in eine Zeit ohne bemannte Raumfahrt geboren worden, ich hätte ein falsches Leben geführt. Natürlich kann ich nicht wissen, ob ich nicht auch jetzt ein falsches Leben führe, weil meiner Zeit für das, was ich eigentlich bin, die Vorstellung fehlt. Wie jemand, der nie erfahren wird, dass er der Erfinder der Hängematte sein könnte, weil er in einer Gegend lebt, in der die Bäume nicht nah genug beieinanderstehen. Vielleicht irre ich durch mein Leben, wie ein Männchen durch ein Computerspiel, für das es nicht programmiert wurde und in dem es nicht einmal sterben kann? Wenn ich uns am Abend in den Verkehrsmitteln sah, wo wir nicht das Recht genossen, uns aneinanderzulehnen, kam es mir manchmal vor, als seien wir Entführungsopfer, die vergessen hatten, woher sie stammten. Ich begrüße es natürlich, wenn die Menschen zu erschöpft sind, mich zu beachten, mit allem anderen habe ich schlechte Erfahrungen gemacht. Nicht umsonst erschrickt man, wenn man in der Einöde einem Menschen begegnet, auf ein Tier kann man sich eher einstellen. Man weiß ja nicht, ob dieser Mensch das eigene Niveau hat. Es ist erstaunlich, auf wie verschiedenen menschheitsgeschichtlichen Entwicklungsstufen wir nebeneinander existieren, und es ist eigentlich nicht ganz korrekt, aber natürlich von der Programmatik her verständlich, wenn wir uns alle als »Mensch« bezeichnen.

Wir wissen, dass es wegen der auf Langzeitflügen verzögerten Kommunikation zu depressiven Störungen kommt. Durch die Entfernung von Sender und Empfänger vergehen zwischen Aussage und Antwort mehrere Stunden, was die Neigung zum Monologisieren stärkt. Man ist deshalb angehalten, Aufzeichnungen zu machen, weil man beim Schreiben mit der Welt in Kontakt tritt, die einem über die Schulter sieht, auch wenn man nicht mit einer Veröffentlichung rechnet. Es gibt ja in Wahrheit keinen geschriebenen Satz, der sich nicht an die ganze Menschheit richten würde. Der Inhalt meiner Aufzeichnungen spielt allerdings keine Rolle, es geht mir lediglich darum, Veränderungen in meiner Handschrift festzustellen, wie sie bei Persönlichkeitsstörungen aufgrund von Extremerfahrungen vorkommen. Da ich mich nun schon so lange in der Isolation befinde, fehlt mir der Vergleich. Lediglich ein paar Dutzend Mäuse leisten mir Gesellschaft, aber dass ich mit denen gut auskomme, kann alles heißen. Es ist bedauerlich, dass ich so niedergeschlagen bin und wie viel Kraft ich darauf verwenden muss, die Einsamkeit zu ertragen und mich aufzuraffen, meine Experimente nicht zu vernachlässigen. Auf der Erde habe ich meine Stimmungsschwankungen mit Disziplin bekämpft, was mich ja letztlich zum Kosmonauten qualifiziert hat. Wenn man immer in allem der Beste ist, findet man sich zwangsläufig irgendwann in einem Raumschiff wieder. Große Leistungen haben mir deshalb immer Angst gemacht, weil ich an die Entbehrungen denken musste, denen sie sich verdankten. Dass ich so viel erreicht habe, bedeutet eben nicht, dass ich ein willensstarker Mensch wäre. Wenn bei mir zu Hause etwas zu Bruch ging, hat mich das immer so entmutigt, dass ich die Scherben nicht weggeräumt, sondern wochenlang einen Ausfallschritt gemacht habe. Es stand auch ein Foto im Regal, das jeden Tag von einem Luftstoß heruntergeweht wurde, wenn ich die Balkontür öffnete. Das hat mich immer enttäuscht, und ich musste mich mehr als einmal an die Wand lehnen, um nicht unter demselben Luftstoß zusammenzubrechen. Ich habe versucht, den Empfehlungen von auf emotionale Fragen spezialisierten Ratgebern zu folgen, an einem Grashalm zu riechen, ein Sternbild zu suchen oder das Gesicht unter eine Wasseroberfläche zu tauchen. Diese Übungen hatten aber nie den gewünschten Effekt, sondern gaben mir ein Gefühl von Hilflosigkeit. Meine Einsamkeit war ja kein Defekt, sondern eine Konsequenz der für meine wissenschaftlichen Aufgaben erforderlichen Konzentration. Es ist kein Zufall, dass sich für einen männlichen Kosmonauten üblicherweise nur Kontakte mit Kosmonautinnen ergeben, es scheint auf die Dauer praktikabler, wenn der Partner die eigenen beruflichen Sorgen und Nöte nachvollziehen kann. Ich will niemandem erklären müssen, warum ich das Weltall liebe. Die Frage ist, ob man Kosmonaut wird, weil einem menschliches Glück nicht genügt, oder ob einem umgekehrt menschliches Glück nicht genügt, weil man Kosmonaut ist. Tatsache ist, dass überdurchschnittlich viele meiner Kollegen als Alkoholiker geendet sind, sich das Leben genommen haben oder beim Versuch, sich unsterblich zu machen, auf mysteriöse Weise verunglückt sind. Wir eignen uns nicht als Vorbild. Man muss nur meine Labormäuse sehen, deren Verhalten in der Schwerelosigkeit ich beobachten soll. Meine Einsamkeit scheint sie anzuregen, sich noch hartnäckiger als auf der Erde fortzupflanzen. Die Bodenstation wäre begeistert und würde es auf die Mutationen zurückführen, die ich an ihnen vornehme, beziehungsweise auf die Zentrifuge, mit der für die Weibchen Gravitation simuliert wird, was die Befruchtung wahrscheinlicher machen soll. Dabei liegt es an mir. Ich hatte schon immer diese Ausstrahlung auf andere. Oft waren sich zwei Kollegen auf einer dieser dem Flirt unter kontaktarmen Wissenschaftlern geweihten Kongress-Partys unschlüssig, und erst mein Erscheinen löste bei ihnen die Spannungen und sie verliebten sich, während ich, um dem Gespräch mit einer Festkörperphysikerin länger standhalten zu können, damit beschäftigt war, Anagramme aus ihrem Namen zu bilden, der auf einem kleinen auf ihrer Brust befestigten Schildchen zu lesen war. Das Glück anderer Menschen ist schwer zu ertragen, auch wenn man weiß, dass es auf ihrer Beschränktheit beruht und mit dem Glück, das man selbst sucht, nichts zu tun hat. Der Idealzustand zweier bis in alle Ewigkeiten im selben Gravitationsfeld um einen Planeten kreisenden Monde, mehr Nähe zwischen zwei Menschen dürfte kaum zu erreichen sein. Eine Änderung meiner Wohnsituation hätte vielleicht eine Lösung sein können. Ich hatte, wenn jemand bei mir klingelte, ja immer das Bedürfnis, noch schnell etwas zu erledigen, einem Gedanken nachzugehen, ein Buch zu Ende zu lesen oder mein Archiv neu zu ordnen. Das wäre mir möglich gewesen, wenn ich in einem Turm gewohnt hätte, wo zwischen dem Klingeln an der Haus- und dem Klopfen an der Wohnungstür eine möglichst lange Zeit vergangen wäre, vielleicht sogar Jahre. Dann hätte man sich in Ruhe seiner Arbeit widmen können, man wäre ja nicht einsam, der Besuch war schon unterwegs. Und gerade noch rechtzeitig, bevor man stirbt, klopft der Freund an die Tür, den man die ganze Zeit im sicheren Gefühl seines Kommens erwartet hat. Man hat sein Leben in Gesellschaft verbracht und war doch ungestört.

Wir wissen, dass die psychische Belastung von Kosmonauten auf Langzeitflügen zunimmt, sobald sie die Erde nicht mehr sehen können. Es ist ein eigenartiges Phänomen, da die Evolution uns nicht auf das Bild des in der Ferne verschwindenden Heimatplaneten vorbereitet haben kann. Um mich dieser Stresssituation auszusetzen, hat man mich angewiesen, die der Erde zugewandten Bullaugen der Station zu verhängen, ich kann nur durch die Bullaugen gegenüber in die ewige Nacht sehen. Genau genommen wirkt es, als würden mich zwei schwarze Augen unentwegt anstarren. Eine der Überraschungen, mit denen man rechnen muss, wenn man für die Raumfahrtbehörde arbeitet, war, dass ich zwar auf der Erde ein halbes Jahr in einer originalgetreuen Kopie der Station zugebracht habe, um mich an ihre Dimensionen zu gewöhnen und irgendwann fähig zu sein, mich blind in ihr zu orientieren, aber bei meiner Ankunft im Orbit eine völlig andere Situation vorgefunden habe. Ich frage mich, wie man eine Operation dieses Ausmaßes vor mir geheimhalten konnte, aber ich habe mich tatsächlich in einer weitgehend originalgetreuen, wenn auch etwas kleiner dimensionierten Kopie meines eigenen Kinderzimmers wiedergefunden. Zwischen diesen Wänden bin ich damals vor Energie platzend ganze Nachmittage lang grundlos hin- und hergerannt. Diesen Grad von Einverständnis mit meiner Existenz habe ich nie wieder erreicht. In der Schreibtischschublade befindet sich mein Taschenmesser, und sogar das Modell des Apollo-Sojus-Projekts haben sie nicht vergessen, mit dem Docking-Modul, das nur einmal benutzt worden ist, als die Raumschiffe beider verfeindeter Nationen in Erinnerung an die Begegnung ihrer Truppen am Ende des Zweiten Weltkriegs genau über Torgau zusammenkamen. Wir konstruieren Module, mit denen Maschinen aus verschiedenen Gesellschaftssystemen kombiniert werden können, aber zwei Menschen kann niemand dauerhaft verbinden.

Ich bin in der Ausbildung auf jeden erdenklichen Zwischenfall vorbereitet worden, aber man hat mir nicht gesagt, wie ich den

Monitor ausschalten kann, über den ich die Bilder von der Bodenstation empfange. Nicht, dass sie mich beobachten, stört mich, sondern die Durchschaubarkeit ihrer Versuche, mich emotional zu beeinflussen. Gestern waren zum ersten Mal meine Eltern zu sehen, die offenbar benachrichtigt worden sind, weil man sich Sorgen um meinen Zustand macht. Es war nicht leicht für mich, der Versuchung zu widerstehen, ihnen zu antworten, was keinem von uns helfen würde. Was steckt hinter dieser Hartnäckigkeit, mit der uns die Überlebenden am Sterben hindern wollen? Ist es eine so beängstigende Vorstellung, ohne uns weiterleben zu müssen? Wie kann man mir wünschen, auch nur einen Tag länger zu ertragen, was sich vor dem Start in mir abgespielt hat? Körperlich habe ich aufgrund des harten Kosmonautentrainings und meiner disziplinierten Lebensweise eine gewisse Ähnlichkeit mit dem Doryphoros des Polyklet erreicht, nur dass ich mir nicht das Schamhaar frisiere. Ich kann meine Beine beim Klimmzug anwinkeln und minutenlang in der Waagerechten halten. Wenn es mich kennen würde, könnte mein Kind darauf Platz nehmen, um sich noch im Alter daran zu erinnern. Obwohl ich attraktiv bin, habe ich eine so unschuldige Seele, dass es mich selbst rührt. Mein ehrgeiziges Ziel war immer, mehr Kummer zu empfinden als diejenigen, denen ich Kummer bereitete. Sobald man seine Isolation verlässt, und sich einen Menschen sucht, betritt man eine Welt, in der es weder Gerechtigkeit gibt noch Unschuld, es ist wie in einem Bürgerkrieg, man ist gezwungen, sich zu einer Seite zu bekennen, sonst gilt man allen als Feind. Ich hätte mich für Janda entscheiden können, die mir aus nur ihr bekannten Gründen verfallen war, aber ich konnte den Gedanken nicht ertragen, in ihr das Ende meiner langen, entbehrungsreichen Reise zu sehen. Nach so langem Hoffen hatte die fiktive Figur der Erlöserin, auf die ich wartete, einen geradezu religiösen Charakter angenommen. Außerdem habe ich mich in der Zeit meiner Zweifel, wie mir später klar wurde, innerhalb von Sekunden in Lena verliebt, als mir durch bestimmte Nuancen in ihrer Wortwahl bewusst wurde, dass ihre Seele für mich verschlossen bleiben würde. Ich habe die Tatsache, dass die Menschen verschieden sind, nie ganz begreifen können und auch Lena falsch eingeschätzt. Bis dahin hatte ich sie für den Kummer bedauert, den ich ihr mit meinem Nachgeben auf ihr hartnäckiges Werben bereitet hätte. Plötzlich war ich Opfer einer quälenden Unruhe und musste immer wieder in die Zentrifuge steigen, um zu mir zu kommen. Es war nicht das erste Mal, dass ich nicht in der Lage war, meine Emotionen zu kontrollieren, selbst der Behörde war dieser Mangel in meiner Persönlichkeitsstruktur bekannt.

Es ist müßig, mir diese Gedanken zu machen, man wird nie eine befriedigende Lösung für unser emotionales Dilemma finden. Viele glauben, theoretische Physiker, Mathematiker, Schachspieler oder Latinisten wären emotional verarmte Menschen, weil sie Freude an Abstraktion und symbolischen Operationen empfinden, ich bin vom Gegenteil überzeugt, wir können unseren Gefühlen so wenig trauen, dass wir ein starkes Gegengewicht brauchen. Es ist ein Irrtum, den Dichtern eine besondere romantische Kompetenz zuzuschreiben, ein Irrtum, von dem sie natürlich profitieren. Menschen wie ich flüchten sich zu den Rätseln der Technik, um sich nichts anzutun. Ohne den sachlichen Rausch der Technik hätte ich längst aufgegeben. Will man die technischen Möglichkeiten seiner Epoche nutzen, muss man die Handbücher studieren, es erfordert Beharrlichkeit, sich das Leben zu erleichtern. Eine Brille erklärt sich ja noch von selbst, man setzt sie auf und ist ein Cyborg, halb Mensch, halb Maschine. Aber schon bei einem Taschenmesser ist es unwahrscheinlich, dass sein Besitzer im Lauf seines Lebens in genug Situationen geraten wird, dass alle Funktionen seines Messers wenigstens einmal erforderlich würden. Schon als Kind hat es mich irritiert, dass sich für den gelochten Dorn an meinem Schweizer Offiziersmesser, das mir mein Vater als Belohnung für meinen ersten Segelflug geschenkt hatte, keine Gelegenheit zur Anwendung ergab oder dass man sich ihrer nie bewusst wurde. Manche hielten ihn für eine Ahle zum Reparieren von Schuhwerk oder zum Einfädeln von Schnürsenkeln, aber meine Schuhsohlen waren geklebt und ich hatte Klettverschlüsse. Und im Westen hatte man längst Schnürsenkel entwickelt, die sich problemlos einfädeln ließen, weil ihre Spitzen mit einer wachsartigen Schicht oder einem kleinen Plasteröhrchen vor dem Aufdröseln geschützt waren. Die Evolution der beiden Gesellschaftssysteme hatte dazu geführt, dass sie in solchen Details divergierten, das System mit den präparierten Schnürsenkelspitzen hat sich als überlebensfähiger erwiesen.

Manche Menschen gehen nie an ihre Grenzen, sonst würden sie mich dort stehen sehen. Wenn eine Frau behauptet, mich nicht zu lieben, zweifle ich immer am Grad ihrer Selbsterkenntnis. Auch Lena konnte mir keinen plausiblen Grund dafür nennen, dass sie sich nicht für mich entscheiden wollte, für eine Astro-Physikerin drückte sie sich sogar ziemlich esoterisch aus, in einer von Begriffen aus der Meteorologie geprägten Sprache. Ihre Gedanken seien neblig, sie fühle sich emotional vereist und könne sich nicht öffnen, weil sie ihre letzte unglückliche Liebe, die wie ein Hurrikan über sie hinweggefegt sei, nie aufgearbeitet habe. Mein erster Impuls war, ihr die Hand auf die Stirn zu legen, um sie von ihrer Unfähigkeit zu erlösen, Gefühle für mich zu empfinden. Es war mir nie möglich, aus ihrem Anblick auf ihre Innenwelt zu schließen, ebenso gut hätte man versuchen können, in den Gesichtern der Urmenschen schon die Raumstation zu erkennen, die ihre Nachkommen einmal bauen würden. Lena hatte mich jahrelang aus der Ferne beobachtet und meine Publikationen über die psychischen Risiken von Langzeitflügen studiert, ohne zu wagen, mit mir in Kontakt zu treten, vielleicht auch, weil sie es genoss, mich unerkannt zu bewundern. Ich könnte mir sogar vorstellen, dass sie Physikerin geworden ist, um in meine Nähe zu kommen. Aber sobald sie ihr Ziel erreicht und sich meine Nerven unumkehrbar auf sie eingestellt hatten, begann sie an ihren Instinkten zu zweifeln. Ich glaube, ich habe das schon im ersten Moment geahnt und eine fatale Sehnsucht hat mich in ihre Arme getrieben wie in eine unbekannte Galaxie. Man muss sich Ziele setzen, die man nicht erreichen kann, sonst bleibt man im Mittelmaß stecken, so bin ich leider erzogen worden.

Da die Bodenstation Erkenntnisse über Langzeitflüge gewinnen wollte, war ich informiert worden, dass man meine Körperfunktionen lückenlos beobachten würde. Warum erwarten sie, dass ich mit ihnen kommuniziere, wenn sie schon alle Daten haben? Der Dreck an unseren Schuhen enthält mehr Information als unser Reisetagebuch. Selbstverständlich würden Außerirdische sich bei einer Begegnung kaum für unsere Erfahrungen und Philosopheme interessieren, sondern eher für den Salzgehalt unserer Nieren, weil er dem des Urmeers entspricht, aus dem wir stammen. Anfangs war es mir unangenehm, meine sexuellen Regungen beobachtet zu wissen, die sich nicht unterdrücken ließen. Aber schließlich hat die Professionalität gesiegt, ich bin hier nicht als Individuum, sondern als Datensonde. Tatsächlich leide ich unter unkontrollierbaren Schüben von Begehren, die mich von meinen Aufgaben ablenken und meine Aufmerksamkeit immer wieder in Tagträume abgleiten lassen. Es ist immerhin tröstlich, dass sich damit in meinem Beruf ein wissenschaftliches Interesse verbindet, denn im privaten Bereich haben mir diese Zustände nie etwas genützt. Ich muss sagen, ich bin inzwischen nicht mehr sicher, ob ich wirklich dazu beitragen möchte, unser unstillbares Verlangen nach Dingen, die weit unter unserem geistigen Niveau sind, in die Weiten des Weltraums zu tragen. Was mir geholfen hat, war die Empfehlung eines Bekannten, der als Manager oft auf Reisen ist. Er hat mir verraten, dass viele seiner nomadisierenden Kollegen sich vor der Abfahrt ein Bein rasieren, das mindert die Einsamkeit langer Nächte in Hotels. Zum Glück sind unsere Empfindungen so leicht zu betrügen.

Die Beziehungen zwischen Menschen sind überschätzt, wo uns doch Dinge viel mehr Trost spenden. Ich weiß natürlich, dass es ein Symptom meiner Situation ist, dass ich mich auf fast schon manische Weise mit allen greifbaren Artefakten befasse. Man muss den Dingen mit Respekt begegnen. Dass man von Dingen sagt, sie würden altern, obwohl in Wirklichkeit wir altern, hat mich immer irritiert. Ich glaube, ich könnte eher einen Menschen töten, als ein defektes Gerät wegwerfen. Manchmal schaffe ich es nicht einmal, ein Gerät abzuschalten, ich finde, das steht mir nicht zu. Was ich an Geräten schätze, ist, dass sie handlich sind, wenn sie in die Hand genommen werden wollen, es gibt keinen Raum für Fehlinterpretationen. Raumstationen gehören zu den Geräten, in denen man sich aufhalten kann, aber im Grunde sind sie auch nichts anderes als Taschenmesser, allerdings schwieriger zu handhaben und mit komplexeren Funktionen. Die bekannteste ist sicherlich die Möglichkeit, die Erde von außen zu betrachten, wofür man auf dem Weg der Meditation Jahre brauchen würde. Aber ist man dieser exzentrischen Erfahrung überhaupt gewachsen? Dass man in die Kirche geht, macht aus einem ja so wenig einen Christen, wie man ein Auto wird, wenn man eine Garage betritt. So lautete eine indianische Weisheit aus meinem Poesiealbum. Dass Indianer sich so ausdrückten, war einem klar, auch wenn man nie mit einem gesprochen hatte. Ob wir unsere Weltsicht in den Poesiealben der Indianer auch so formulieren? Dass man sich in der Erdumlaufbahn befindet, macht aus einem so wenig einen Kosmonauten, wie man ein Indianer wird, wenn man sich an einen Feind heranschleicht. Ein Kosmonaut ist, wer bereit ist, sein Leben seiner Fortbewegungsart zu opfern. Solange man auf Reisen noch mit einer Rückkehr rechnet, ist man ja im Grunde noch zu Hause. Es ist wie bei dieser Therapieübung, bei der man sich rückwärts von einem Tisch fallen lässt im Vertrauen, die anderen würden einen auffangen. Wirklich aufbrechen heißt, sich fallen zu lassen, obwohl einen niemand auffangen wird, nicht einmal eine Gruppe Depressiver. Man hat ja immer noch die Hoffnung, nie aufzuschlagen, zumindest für die Zeit des Sturzes. Was Hoffnung ist, versteht man doch erst, wenn es keinen Grund mehr gibt, welche zu haben. Ich bin wahrscheinlich noch nicht in der Lage, eine solche, meinem gegenwärtigen Aufenthaltsort würdige Haltung zu vertreten, ich habe mich noch nicht vom mir angeborenen Selbsterhaltungstrieb emanzipiert. Vielleicht bin ich noch nicht lange genug allein. Es ist bedauerlich, dass ich beim Stand meiner Kenntnisse über das Universum so stark unter Emotionen leide, die zur Erfüllung meiner Aufgaben nichts beitragen. Es will mir noch nicht gelingen, diesen Abschnitt meines Lebens aus der Perspektive eines Toten zu betrachten.

Fast hatte ich befürchtet, meine Aufzeichnungen beenden zu müssen, weil kein Platz mehr an den Wänden war, aber ich habe eine Schreibtafel gefunden, die ich allerdings immer wieder abwischen muss. Ich habe als Kind von einem Tag auf den anderen begonnen, Druckschrift zu schreiben, weil ich es befriedigender fand, wenn jeder Buchstabe ein Kästchen für sich hatte, deshalb hat sich meine Schreibschrift seitdem nicht weiterentwickelt und sieht immer noch aus wie von einem Kind. Ich bin darin sehr ungeschickt, es dauert viel länger, und mir fallen wieder die Verbote und Vorgaben der Lehrer ein, die unsere Schrift betrafen. Bis jetzt habe ich aber noch nicht die Kraft, Orthografiefehler zu machen, der Zwang richtig zu schreiben, ist nicht zu unterdrücken.

Eine Frau, die man verloren hat, ist wie ein Sternbild, an dem man seine Position sein Leben lang ausrichten wird. Erst nachträglich erfuhr ich, dass der Grund für Lenas plötzliche Zurückhaltung Marc gewesen war, von dem ich gewusst hatte, dass er ebenfalls ihretwegen litt. Bei ihm ging es so weit, dass er sich nicht mehr wusch und Labortiere quälte. Sie hatte mich anscheinend gebraucht, um sich für ihn entscheiden zu können. Ich war für die Mission als Marcs Ersatzmann vorgesehen gewesen und hatte es nach meiner Begegnung mit Lena nicht mehr eilig gehabt, seinen Platz einzunehmen. Aber plötzlich war der Plan geändert worden und ich hatte fliegen sollen, eigentlich eine Auszeichnung. Muss man es nicht als akute psychotische Episode bezeichnen, wenn jemand wie ich, der sein Leben lang von solch einer Chance geträumt hat, im Moment, wo sie sich ihm bietet, keine Freude empfinden kann? Was für eine Befriedigung muss es dagegen für Marc bedeutet haben zu verfolgen, wie ich mit der Energie von 20 Atombomben in den Orbit katapultiert wurde. Jetzt befinden sich die beiden alle 89 Minuten genau unter mir. Ich ziehe dann immer den Kopf ein, damit sie mich nicht durchs Bullauge sehen und sich einbilden, ich würde sie beobachten. Dabei ist das Bullauge verhängt. Ich kann nichts dafür, wenn ich mich so lächerlich verhalte, manche Dinge sind einfach dem Umstand geschuldet, dass ich ein Mensch bin.

Da ist wieder die Bodenstation, sie haben die Hoffnung noch nicht aufgegeben. Ich sehe ihre besorgten Gesichter, den Projektleiter und den technischen Stab, sogar Lena kann ich erkennen. Obwohl ich ununterbrochen an sie gedacht habe, hatte ich ihr Gesicht schon vergessen. Es macht mir nichts aus, dass sie mich sehen können. Es ist sogar angenehm, ihre Stimmen zu hören, ohne antworten zu müssen, warum habe ich das nicht öfter so gehalten? Ich habe nicht das Gefühl, dass die Distanz zwischen uns größer wäre als am Boden. Es ist nur einfacher für mich, schon weil ich schwebe. Ich habe schon immer lieber rückwärts durch Ferngläser gesehen. Nachdem ich bei den traditionellen Neujahrsgrüßen aus dem Orbit geweint habe, ist die Fernsehübertragung unterbrochen worden. Die Tränen eines Kosmonauten scheinen mehr zu schockieren als sein Tod. Sie haben Angst um ihre Raumstation. Man muss loslassen können. Der Projektleiter bedient sich, ohne sich dessen bewusst zu sein, einer Reihe klassischer rhetorischer Figuren, um mich zu manipulieren, ein Grund mehr, nicht darauf einzugehen. Es würde so aussehen, als sei ich zur Vernunft gekommen, und das würde die Schönheit meiner Geste verwässern. Damit wäre niemandem gedient. Ich durchlebe einen emotionalen Prozess, den man nur verstehen kann, wenn man ihn durchlebt, für alle anderen bin ich gestört. Selbst mir fällt es schwer, mich länger als für Sekunden in mich hineinzuversetzen. In solchen Momenten weiß ich genau, was ich hier mache, und dann kommt es mir besonders überflüssig vor, es zu erklären. Ich könnte mich den Berichten von dem Tod Entronnenen anschließen, die so gern die Gelassenheit beschreiben, die sie durch ihre Erfahrung gewonnen haben. Umgekehrt wird immer wieder die Geschichte vom Engel erzählt, der sich wünscht, sterblich zu sein, um zu erfahren, was wir fühlen. Vielleicht sind Lena und ich solche Engel gewesen, und einer von uns musste sich opfern, damit der andere zum Menschen wird?

Ich habe mich immer für die Antworten Prominenter interessiert, wenn sie gefragt wurden, welches Buch sie auf eine einsame Insel mitnehmen würden. So eine schwerwiegende Entscheidung kann ja geradezu jede Reise verhindern. Vielleicht entwickelt man auf einer Insel eher ein Bedürfnis nach etwas anderem als einem Buch. Vielleicht will man noch einmal einen Joghurtdeckel ablecken oder das Geräusch hören, wenn man ein Blatt Papier zerschneidet. Glaubt man den Zeugnissen von aus großer Gefahr Geretteten, dann haben sich diese Abenteurer bei ihren letzten Bedürfnissen nicht gerade mit Ruhm bekleckert. Diese Berichte, die die religiöse Dimension von Extremerfahrungen herausstellen, sind natürlich ohnehin irreführend, denn sobald man zurück in der Zivilisation ist, verrät man seine mystischen Einsichten, die anästhesierende Kraft der Gewohnheit. Sich gegen die Verführungen zur Bequemlichkeit aufzulehnen, mit denen das moderne Leben uns umschmeichelt, ist eine Sisyphusarbeit, die einem in der Antarktis vermutlich leichter fällt. Unsere Liebe zum Leben ist wie eine alte Liaison, von der wir nicht loskommen können.

Damit war zu rechnen gewesen, sie haben Janda und das Kind ausfindig gemacht. Ich sehe das Mädchen zum ersten Mal, es greift immer in die Kamera. Ist meine Rührung mehr als mein Neid darauf, dass eine reduzierte Selbsterkenntnis ihm ein poetisches Dasein erlaubt? Ich habe Janda damals verlassen, weil ich es für unmöglich hielt, mein Ziel, Kosmonaut zu werden, mit einer Familie zu vereinbaren. Ich hätte nicht garantieren können, dass ich mein Leben einzusetzen bereit gewesen wäre, wenn ich ein geliebtes Wesen hinter mir gewusst hätte. Ich hätte vielleicht in einem kritischen Moment die falsche Entscheidung getroffen und die Mission gefährdet. Deshalb habe ich mir keine emotionalen Bindungen gestattet. Ich weiß nicht, ob das ein Fehler war. Es ist schön, im Weltraum zu sein, das darf man nicht vergessen. Man kann nicht alles haben. Ich hatte nie Angst zu sterben, aber es war immer eine beunruhigende Vorstellung, unersetzlich zu sein.

Wenn ich bei Janda geblieben wäre, hätte ich mich nicht in Lena verliebt und das Gefühl, Lena zu lieben, hatte unabhängig von meinen Gefühlen für Janda, eine Existenzberechtigung. Hat es in mir überwintert wie eine Spore und nur auf günstige Bedingungen gewartet? Wie viele dieser Sporen trägt man in sich? Zeitweise war meine Erschütterung so stark, dass ich für Lena am Boden geblieben wäre, aber dann hat sie mir gerade die Kraft gegeben, die Erde mit einem Gefühl der Erleichterung zu verlassen. Jede Entscheidung, die wir treffen, ist ein Todesurteil für eine unendliche Zahl von Leben, die wir hätten führen können. Aber das Faszinierende an Lebensgeschichten, wie überhaupt an allen Geschichten, ist die Schönheit, die ihnen der Verzicht verleiht. Nur dass es mir selbst immer verhasst war, mich entscheiden zu müssen. Wenn ich an einem Sommertag durch die Stadt spaziert bin und ich wieder einmal den Eindruck hatte, dass überall, wo ich vorbeikam, die Rolläden geschlossen wurden – wo doch Spazieren schon an sich keine leichte Aufgabe war –, dann war ich dankbar über jede rote Ampel, weil sie mich für ein paar Sekunden von der Verpflichtung befreite, mich für eine Richtung entscheiden zu müssen. Sonst fragt man sich ja an jeder Kreuzung, wohin man sich wenden soll. Ich stand deshalb manchmal minutenlang bewegungslos da und wog ab. Was ich da mache, wollten die Leute wissen. »Ich warte, die Ampel ist rot.« – »Da ist doch gar keine Ampel.« – »Doch, an der Hauptstraße.« – »Aber die ist doch zwei Kilometer weiter.« – »Ja, aber ob ich nun hier warte oder dort, das spielt doch keine Rolle.« Man müsste einfach immer geradeaus gehen können, wie dieser Sänger, dessen Video-

Clip mir vor dem Start zur Beruhigung auf den Monitor eingespielt worden ist. Ich glaube, ich habe das sogar schon in mehreren Video-Clips gesehen, es scheint zum rhetorischen Inventar dieser Ausdrucksform zu gehören. Vielleicht spricht aus diesem Bild ein tiefes Bedürfnis unserer Kultur. Der wahre Held muss sich nie für eine Richtung entscheiden, er geht immer geradeaus und biegt mit seiner Willenskraft den Raum.

In ihren letzten Durchsagen hat die Zentrale ein eher hilflos wirkendes Szenario entworfen. Man hat behauptet, ich könnte unwissentlich Teil eines Experiments sein, dessen Verlauf in jedem Fall geglückt wäre, egal, wie ich mich verhalte. Da man meine Persönlichkeitsstruktur kannte, hätte man den Zeitpunkt meiner emotionalen Affizierung durch Lena abgewartet, um mich in diesem Zustand zur Station zu schicken und die Auswirkungen der Isolation auf meinen Gefühlshaushalt zu studieren. Demnach wäre es mein Schicksal, Erkenntnisse zu liefern, egal, was ich tue. Der Gedanke, man könnte meine Empfindungen verallgemeinern und auf andere Individuen extrapolieren, ist mir allerdings unerträglich. Dabei ist jeder Mensch ersetzbar, das war einer der Leitsprüche, die wir auf der Raumfahrtakademie gelernt haben. Es hat so lange gedauert, hier anzukommen, und es hat mir alles abgefordert. Ich bin kein schlechter Mensch, aber wahrscheinlich bin ich der einzige Zeuge dieser Tatsache. Andererseits bin ich vielleicht dazu verurteilt, das zu denken, es ist schon schwer genug für die Angehörigen eines Verbrechers zu begreifen, dass ihr Verwandter ein Monster ist, wie soll das dann dem Verbrecher selbst gelingen? Vielleicht ist man auch ein schlechter Mensch, weil man denkt, man sei keiner? Vielleicht sind nur Menschen, die sich für schlechte Menschen halten, gute Menschen? Dann wären sie natürlich doppelt gestraft. Ich bin nicht Kosmonaut geworden, um Kompromisse zu machen. Wenn man eine Krise durchlebt, will man allein sein, das wird jeder verstehen. Und die so plötzlichen und heftigen Gefühle für Lena müssen als Krise interpretiert werden, als Fluchtreflex meiner tieferen Bewusstseinsschichten vor den Konsequenzen meines Berufs.

Einige der Mäuse sind genetisch manipuliert, ein Rezeptor für einen Nervenbotenstoff fehlt ihnen, sie sind deshalb risikofreudiger und kommen öfter ans Licht. Es heißt auch, sie seien weniger depressiv. Ich habe die Kamera auf das Labyrinth gerichtet, damit die Bodenstation sie weiter bei der Fortpflanzung beobachten kann. Es ist Zeit, meine letzte Mahlzeit einzunehmen, mir bleibt noch eine Tube Sosiski, wobei mir jetzt einfällt, dass ich seit meiner Jugend weiß, dass »Sosiski« »Würstchen« heißt. Es ist schön, wenn das erworbene Wissen im Lauf des Lebens zur Anwendung kommt. Manches wird natürlich für immer überflüssig bleiben, völlige Deckung zwischen den Situationen, in die man im Leben noch geraten wird, und dem Wissen, das man bisher nicht gebraucht hat, wird wohl nie eintreten, man könnte dann vielleicht genauso gut sterben. Demnach wäre für mich noch Zeit, denn zu wissen, dass man am Mount Everest um 13 Uhr in jedem Fall den Rückweg antreten muss, hat sich für mich noch nicht ausgezahlt. Wobei mir bewusst ist, dass Sachwissen und Erlebnisse vom Gehirn unterschiedlich behandelt werden, es kann also sein, dass ich mich an die Tatsache, dass man am Mount Everest um 13 Uhr auf jeden Fall den Rückweg antreten muss, erinnere, aber vergessen habe, dass ich den Mount Everest schon bestiegen habe. Das ist bei Hirnverletzungen, wie sie eine Folge von Sauerstoffmangel sein können, keine Besonderheit. Ich kann im Übrigen nicht behaupten, dass mich die Tubennahrung enttäuscht hätte. Das Zermalmen der Speisen mit den Zähnen kam mir immer wie ein zeitraubender Atavismus vor. Das tröstliche an Tuben ist, dass man sie auf- und zu-schrauben kann, das macht Spaß. Solchen Spaß, dass Spaß nicht das richtige Wort ist. Ich kann mich gut erinnern, lange Nach-mittage meiner Kindheit damit verbracht zu haben, Tuben mit aller Kraft und mit Hilfe von Werkzeugen zuzuschrauben, um mich anschließend der Herausforderung zu stellen, sie wieder zu öffnen. Es war immer mein Anspruch, es mir so schwer wie möglich zu machen. Außerdem gefällt es mir, wenn sich Dinge um die eigene Achse drehen lassen, soviel kann ich sagen.

Es hat mir Freude gemacht, den Raumanzug über den Schlauch an die Rohrleitung anzuschließen und aufzublasen. Wenn man die Luft wieder entweichen lässt, klingt das wie ein resignier-tes Seufzen. Ich habe das mehrmals getan, wie ich fast alles ger-ne mehrmals tue. Ich kann jetzt nicht mehr schreiben, was den Wert meiner Mitteilungen sicher mindert. Es ist seltsam, von außen durch ein Fenster zu sehen, wenn man den Raum eben erst verlassen hat. Man fürchtet dann fast, sich dort drinnen noch sitzen zu sehen, als hätte man sich geteilt. Der Doppelgän-ger würde vielleicht ein so friedliches Bild abgeben, dass man aus Angst, ihn bei einer Begegnung zu Tode zu erschrecken, auswandern müsste. Aber das wird für mich nicht nötig sein, im Innern der Raumstation ist niemand zu sehen, nur das Laby-rinth, in dem sich zu meiner Überraschung eine der Mäuse auf die Hinterpfoten gestellt hat und den Kopf hin- und herwendet. Die Verhaltensbiologen sehen darin ein Zeichen für Risikofreu-de, denn in dieser Haltung gibt sie ihren Körper schutzlos preis. Es scheint, als würde sie mich suchen. Warum müssen es einem immer alle so schwer machen?

Bin ich der Erde schon so nah, dass man nicht mehr von Ent-fernung, sondern schon von Höhe sprechen könnte? Ihr Anblick rührt mich nun doch zu Tränen. Sie war immer etwas zu groß für mich, man wusste nie, ob man versuchen sollte, sich einen Überblick zu verschaffen, oder sich lieber den Details zu widmen. Vielleicht lieben wir nur Dinge, die ohne uns besser funktionieren. Der Mensch ist nicht dazu gemacht, glücklich zu sein, sonst hätte er nicht so viel erreicht. Ich weiß, dass der Genuss, den mir der Anblick der langen, glatten Küstenlinien verschafft, eine romantische Projektion ist, von solchen Gefühlen wird man bei erster Gelegenheit im Stich gelassen. Schönheit zu empfinden, ist ein degradierendes Gefühl. Ich habe den richtigen Moment gewählt, Lena könnte mich jetzt sehen, wenn sie den Kopf heben würde. Bald werde ich in die Atmosphäre eintreten und verglühen, so geht es einem, wenn man sich der Erde von außen nähert. Aus der Sicht eines Meteoriten ist sie ein ziemlich autistischer Planet. Im Grunde ist die Erde ein bisschen wie ich. Eben habe ich mit meinem Schweizer Offiziersmesser die Sicherheitsleine gekappt. Man muss loslassen können. Nun bin ich wirklich aufgebrochen. Ich empfinde keine Angst mehr. Es ist schade, dass ich dieses Gefühl erst jetzt kennenlerne. Nein, es ist nicht schade, nichts ist schade. Ich sehe meinem Taschenmesser nach, das ich nie ganz verstanden habe. Jetzt warte ich auf den Sauerstoff, um darin zu verbrennen. So will es die Physik, das ist alles leicht zu modellieren. Aus einer gewissen Entfernung betrachtet, kann dieser Vorgang als schön empfunden werden, so ist es oft mit Dingen, über die man zu wenig weiß. Ich werde nie über meinen letzten Gedanke nachdenken können. Wäre es sentimental, an ein Kind zu denken, das eine Sternschnuppe am Himmel sieht und sich wünscht, einen Vater zu haben? Aber bei welcher Gelegenheit wäre es verzeihlicher, sich ein wenig gehenzulassen, als beim eigenen Tod?

Es regnet, durchs Fenster des hässlichen, neuen Cafés sehe ich auf die Ecke Schönhauser, an die nur noch ein Stück rot-weiß gestreiftes Geländer hinter dem Zeitungskiosk erinnert, alles andere ist in den letzten Jahren ausgetauscht worden. Ich darf nicht hingucken, sonst bemerken sie das Geländer und bauen es auch noch ab.

Vom U-Bahnhof führt eine Treppe runter, die man auch zum Hochgehen benutzen kann. Die U-Bahn fährt über unseren Köpfen, in jede Richtung eine. Sie schafft Menschen hin und her, nie ist sie fertig, immer kommt noch einer nach. U-Bahn, Autos, Straßenbahn, keiner will bleiben, wo er ist, manche rennen sogar. Eines Tages werden alle Menschen an ihr Ziel transportiert sein, jeder da, wo er hinwollte. Aber das kann noch Jahre dauern.

Am Straßenrand parken Autos, an manchen Stellen fehlt eins und ist noch nicht durch ein anderes ersetzt worden.

Die Autofahrer lesen die Verkehrsschilder, man kann sie auch lesen, wenn man kein Auto hat, es wird aber nicht von einem verlangt. Wenn die Ampel rot ist, darf sich der Fahrer ausruhen. Die Blinker zeigen an, in welche Richtung er sein Auto lenken muss. Da es regnet, bewegen sich die Scheibenwischer nicht umsonst. Autos halten an der weißen Linie und fahren wenig später weiter. Es klappt wie von selbst. Verkehr und Verkehrsschilder sind gut aufeinander abgestimmt.

An der U-Bahnbrücke hängt ein Schild, auf dem steht: »Saturn jetzt auch im Wedding«. Das Schild ist kein Verkehrsschild. Ich überlege, wie man es richtig beachtet.

Manchmal ist die Fußgängerampel grün und es ist kein Fußgänger da, der über die Straße gehen könnte, dann starren die Autofahrer traurig auf den Asphalt.

Wenn man auf der Straße spaziert, schimpfen die Autofahrer, sie sehen das nicht gern. Auf dem Bürgersteig darf man wiederum nicht Auto fahren. Es gibt in dieser Welt gewisse Regeln.

Die meisten Menschen haben verschiedene Sachen an. Es ist wichtig, dass man nicht gleich aussieht, wegen der Verwechslungsgefahr. Manche halten einen Regenschirm fest. Zuhause würde er ihnen nichts nützen.

Der Regen fließt in den Gully, man muss ihn nicht aufwischen.

Einer trägt Essen in der Hand, falls er unterwegs Hunger bekommt. So kann er sich weiter von seinem Ausgangspunkt entfernen.

Wenn zwei sich kennen, müssen sie stehenbleiben und ein paar Worte wechseln. Je seltener das passiert, umso größer ist die Freude.

Bei Grün fahren die Autos schnell los, damit Platz für die nächsten ist, die schon heranrollen.

Manche Fahrräder brauchen ein Haus zum Anlehnen, von selbst könnten sie nicht stehen. Im Auto kann man nicht freihändig fahren. Das Flugzeug fällt runter, wenn es hält. Im Kinderwagen kann man die Richtung nicht bestimmen. Alles hat seine Vor- und Nachteile, man muss genau abwägen.

Die Regentropfen sind zum Glück nicht so hart.

Viele Autos fahren Buchstaben durch die Stadt, es sind eigentlich Autostaben. Immer gibt es etwas zum Lesen, man ist nie ganz fertig.

Manche Menschen tragen in Tüten Sachen, die sie zu Hause nicht alleine lassen wollten. Niemand geht auf Zehenspitzen, weil keiner nicht geweckt werden darf.

Am Tag braucht man keine Taschenlampe, es wäre Batterie-verschwendung.

Man macht ein Foto, wenn man etwas sieht, was man nicht vergessen will, oder wenn man lange kein Foto gemacht hat. Man kann es jemandem zeigen, der nicht dabei war, meistens zeigt man es aber jemandem, der dabei war. Es gibt immer et-was, was am schönsten ist und deshalb fotografiert werden muss.

Nackte Frauen sind genauso schön wie angezogene, man kann es aber nicht so gut sehen.

Jede Straße hat einen Namen. Die Häuser haben Nummern. Die Menschen haben auch Namen, aber sie stehen nicht dran, weil sie sprechen können. Außerdem sind es zu viele. Deshalb muss man seinen lange suchen.

Wenn man in ein Haus gucken will, muss eine Scheibe ein-gebaut werden. Der Fußboden hat keine, weil es unten nichts zu kaufen gibt.

Wenn der Regen nachlässt, fliegen die Papierflugzeuge weiter.

Die Ampel wird grün, und man erschrickt, obwohl man schon damit gerechnet hatte.

»Fernsehturm, immer noch am Alex«, würde auf meinem Schild stehen.

Man dreht sich kurz um, und schon ist wieder Fußball-WM. Irgendwann im Leben werden die Resultate unübersichtlich und man kann sich nicht mehr alle merken. Wenige Spiele ragen heraus, werden aber trotzdem vergessen. Interessant war es, als ich noch in Schwarz-Weiß geguckt habe, auf dem Fernseher meiner Eltern, den ich inzwischen übernommen hatte, und bei dem man immer einen Bleistift neben den Lautstärkeknopf klemmen musste. Wenn der Ton ausfiel, musste man den Bleistift minutenlang sacht antippen und auf sein Glück hoffen. In meiner Kindheit hatten nur die Nachbarn von unten Farbe gehabt, und um auszunutzen, dass die nichts kostete, drehten sie den Color-Knopf bis zum Anschlag auf. Mein Weltbild war dagegen schwarz-weiß geblieben und mit Wackelkontakt, aber dafür hatte ich keine Verarmungsängste, mit angedrohtem Farbentzug hätte mich niemand zum Mitmachen zwingen können.

’98, immer noch schwarz-weiß, inzwischen aber schon aus Trotz gegen die mit nichts zu entschuldigende fortschreitende Mediokrisierung meiner Umwelt. Die Stimmung war schlecht, keine Aussicht auf Besserung. Das Studium schleppte sich seit Jahren ins Ziel, und am Horizont hörte man schon das Wummern der Modernisierungskolonnen, die sich täglich 80 Kilometer meinem Haus im Prenzlauer-Berg näherten. Bald würden sie den Kohleofen rausreißen und die Nachkriegszeit wäre vorbei. Es war doch so: Wenn sich die Lebensbedingungen verbesserten, würde man als Nächstes auch uns übrig gebliebene Trümmerfrauen entsorgen. Kohleofen, Außenklo und undichte Einfachfenster waren der beste Schutz gegen finanziell potente Berlinflüchtlinge aus dem Bundesgebiet.

Es blieben drei Möglichkeiten, sich aufzuheitern: eine intelligente Freundin, die einem gekonnt das Gemüt entwölkt, ein Studienabschluss, der einen auf dem Arbeitsamt auf ewig unvermittelbar macht, und die innere Emigration, in meinem Fall zunehmend Malerei. Wahrscheinlich, weil sich Bilder schneller rezipieren lassen als Bücher, vielleicht auch, weil es tröstlich war, sich den Heiland in allen möglichen Kreuzigungsposen anzusehen. Denn natürlich scherte ich mich kaum noch um die neuere Malerei mit ihren Themen. Nach jugendlicher Begeisterung für Pop-Art und Surrealismus, hinter denen vielleicht einfach die Sehnsucht nach bunterer Verpackung gesteckt hatte, war mein Interesse an Avantgarden nach der Wende abgeflaut. Moderne Kunst war doch meistens ein Kalauer ohne Pointe. Einmal war ich noch in der neuen Nationalgalerie gewesen. Um unter der Last der Bleiflugzeuge von Anselm Kiefer nicht zusammenzubrechen, hatte die Konstruktion des Gebäudes für die Ausstellung verstärkt werden müssen. Hätte der Künstler sich nicht vorher erkundigen und die Flugzeuge ein bisschen leichter bauen können? Und wer sollte die hinterher überhaupt wieder wegräumen?

Die wenigen meiner Bekannten, deren Bedarf an Reflexion über die Simpsons hinausging, rannten in eine »Sensations« genannte Ausstellung mit Skandalkitsch aus England, kopulierende Puppen, denen Phallusse aus dem Gesicht wuchsen. »Warum geht ihr nicht in die Gemäldegalerie?«, fragte ich. »Gemäldegalerie?«, antworteten sie.

Ich machte das so: Um nach den Zumutungen der Adoleszenz wieder so etwas wie Rhythmus aufzunehmen, schrubbte ich jeden Sonnabend die Wohnung, suchte mir anschließend ein Rezept aus dem Kochbuch, ging entsprechend einkaufen, bis hin zu Pinienkernen und Kokosmehl, und kochte streng nach Anweisung das neue Gericht. Zunehmend auch Dreikomponentengerichte, also schon nicht mehr trivial. In meinem Hinterhof hatten bei den anderen am Wochenende immer so schön proletarisch-traditionsbewusst die Bestecke in die Stille hinein geklappert, jetzt klapperte ich zurück.

Danach fühlte ich mich gefestigt und fuhr mit der U-Bahn zum im Bau befindlichen Potsdamer Platz, um auf Holzbalken über Abgründe balancierend zur Gemäldegalerie zu gelangen. Hier hingen die Alten Meister. Rechts die deutsch-holländisch bis englische Fraktion, links das Zeug aus Italien, wobei ich mich entschieden nach rechts orientierte, die Italiener waren mir zu raumgreifend, ein Renaissance-Hollywood, und alles ziemlich ähnlich. Die Holländer dagegen, mit ihren aufgeräumten Wohnungen, dem beruhigenden Nachmittagslicht, dem blankgeputzten Kochgeschirr über dem Herd, man wollte sofort einziehen, dachte man an das eigene Elend.

Auch sehr gut, dass man sich nicht verirren konnte, weil die Räume eine eindeutige Reihenfolge hatten. Und außen ein zweiter Ring von Räumen mit vertiefendem Material. Aber nur, wenn man wollte. Und in der Mitte war nichts, ein leerer Saal, hier fand man Frieden.

Dann zurück mit der U-Bahn, angeregt und bereichert und der Gegenwart ziemlich überlegen, schließlich war alles schonmal dagewesen und viel besser. Außer ich!

»Der Jungbrunnen« von Lucas Cranach d. Ä. Gebeugte Männlein fuhren ihre alten Vetteln auf Schubkarren zu einem wundertätigen Swimmingpool, kippten die Damen ins Wasser, und auf der anderen Seite entstiegen sie sichtlich verjüngt dem Becken, um von ihren Partnern gleich hinter den nächsten Busch gelockt zu werden, wo man nur noch einzelne Körperteile herausgucken sah. Heute könnte man mit der Maus auf die Stelle klicken und würde weitere Informationen oder sogar Sounds bekommen, aber uns reichte die Phantasie.

Womit wir bei der intelligenten Freundin wären, die einen hierher hätte begleiten können. (Oder gemeinsam an zwei Fronten alles aufrollen? Sie die Italiener, ich die Altdeutschen und hinterher Fachsimpeln im leeren Saal?) Außerdem kocht es sich leichter für zwei, und überhaupt, man konnte ja mal über seinen Schatten springen. Eine Kandidatin hatte sich hervorgetan, im Apollinaire-Kurs. Nein, nicht die mit dem Vortrag über Pornografie in der Literatur, die war mir zu undurchsichtig, sondern die, die über Apollinaires Frauen gesprochen hatte. Kurze Erläuterung: Apollinaire, nach Baudelaire der letzte große Dichter von europäischer Bedeutung, hat das Prinzip der Ubiquität erfunden, dass also in einer Gedichtzeile ein Bleistift im Hafenbecken von Rio de Janeiro schwimmt und in der nächsten ein Mann in der transsibirischen Eisenbahn eine Seite umblättert. So ungefähr, sehr modern und nie dagewesen. Und außerdem interessant, dass man sich fast zwei Stunden einem Gedicht widmen und dabei feststellen konnte, dass es sich bei moderner Lyrik einmal um einen Informationsspeicher gehandelt hat, eine ganz eigene Ausdrucksform ohne Alternative, anders als heute, wo man, wenn man noch Gedichte schreibt, sich schon die Frage gefallen lassen muss, ob man vielleicht nur nicht richtig Deutsch kann.

Jedenfalls Frau Jozwicki, mit polnischen Vorfahren, selber wusste sie gar nicht, dass sie sich Joswiz-ki aussprach, aber ich! Zweimal Polnisch intensiv in Krakau! Dafür sah sie sehr undeutsch aus, was ja immer ein Plus ist bei Frauen. Ihr Thema also die Geliebten von Apollinaire, ungefähr sechs, zu jeder hatte sie was rausgefunden. Und sie legte auf einem Polylux Folien über das Bild des Autors, sodass er nach und nach unter einer Collage aus sechs Porträts verschwand und man sich bewusst machte, dass ein Mann nichts anderes war als die Frauen, mit denen er im Leben zu tun gehabt hatte. Und sie wohnte auch noch im Karree, schon modernisiert, denn weil ihre polnischen

Vorfahren sich beim Exilgang nach Deutschland nicht in der Seite geirrt hatten, war sie inzwischen ein Berlinflüchtling der 90er, irgendwo aus Hamburg kommend, jetzt hier in einer Wohnung wohnend, die für sie heute billig war und für mich auch morgen noch zu teuer. Und im Parterre ein Hochzeitsgeschäft! Die Zeichen häuften sich, da musste man was tun.

Ich ihr also eine Kunstpostkarte in den Briefkasten gesteckt, von wegen Tee trinken oder anderer ungeschickt verbrämter Eindeutigkeiten, und als Motiv den Jungbrunnen von Cranach. Danach weiß sie ja wohl, was ich für ein Mensch bin, oder sie will es jedenfalls wissen, denkt man sich so.

Hat aber einen Freund und zieht auch bald um. Das letzte Mal sah ich sie bei der großen Romanistenparty zur Eröffnung des neuen Instituts. Das alte Gebäude war so ein durch Bomben freigelegter fauler Zahn an der Museumsinsel gewesen, unpraktisch und charismatisch. Das neue ein anthrazitfarbener Bundes-Horror neben der Ami-Botschaft. Auf dem winzigen Lichthof Kies, giftgrüner Rasen und vollendete Hässlichkeit bis ins letzte Neonleuchten-Detail. Da also Romanistenparty im Sommer, und nach acht Jahren Studium kannte man überhaupt keinen. Die wenigen, an die man angedockt hatte, waren schon wieder weg, und schamlos tummelten sich neue Generationen und schubsten einen herum. Man hätte sich wie ein Professor fühlen können zwischen ihnen, aber dafür war man auch wieder zu schlecht bezahlt. Auf einer Bühne Flamenco, da konnte man wenigstens zugucken und musste nichts machen. Danach aus Verlegenheit an den Crêpes-Stand, wo Frau Jozwicki volontierte. Hallo. Hallo. Die da. Stimmt so. Tschüs.

Schade, Zweitstudium Malerei in Weißensee, hätte man doch ein Thema gehabt. Danach wieder in die Massen eintauchen, allesamt sommerlich aufreizend gekleidet, jugendlich amüsierwillig und in großen Trauben wechselseitig miteinander bekannt.

Man fühlte sich wie ein Toter auf Urlaub oder wie ein Untoter auf Arbeit, jedenfalls total überflüssig. Da blieb nur, ins Büro hochzugehen, wo ich meinen geistlosen Hiwi-Job versah und mir das Spiel Deutschland-Iran anzugucken, man erinnert sich, Fußball-WM '98, auch so ein Elend. Im Büro gab es einen Farbfernseher, in der Beziehung war hier mehr los als zu Hause. Durchs Fenster das Geplauder der Massen, im Büro die Vision dessen, was mir bestenfalls blühte: ein Bürojob. Und die Finger klebten von dem blöden Eierkuchen.

Später bin ich dann noch einmal runtergegangen, und noch immer haben sich alle angeregt unterhalten, was sollte die Welt mit so vielen Romanisten? Auf der Bühne spielte inzwischen eine Liedermacherin, aber keiner hörte hin, sie war kaum zu verstehen. Anscheinend eine Studentin, die mal ihr Glück versuchen wollte. Weil ich mich in jüngster Zeit so um meine Kunstbildung bemüht hatte, konnte ich sogar etwas mit ihrem Namen anfangen, sie nannte sich Judith Holofernes. Das Oxymoron-Pseudonym war aber auch das Beste an ihr, die Musik war wirklich nicht besonders, jedenfalls an dem Abend. Später soll ja noch was aus ihr geworden sein. Und ich strample ja auch noch. Und die Gemäldegalerie ist ein echter Tipp, aber gleich vorne rechtsrum gehen und nicht so stur im Weg stehen und die Sicht verstellen, wenn ich komme.

und einen Fetzer

von **JOCHEN SCHMIDT** (Text)
und **MAWIL** (Melodie)

ES IST ERSTAUNLICH, WIE WENIG ES BRAUCHT, DAMIT MAN SICH IN EINEN MENSCHEN VERLIEBT. MANCHMAL MUSS DIE FRAU NUR EINEN WINZIGEN SPALT WEIT DIE DECKUNG ÖFFNEN, UND ES IST, ALS RUTSCHE MAN ZU IHR HIN WIE AUF EINER SCHRÄGE.

ICH HABE DAS EINMAL IM ALTER VON 12 JAHREN ERLEBT, ES WAR EINE WILDE ZEIT. WIR HÖRTEN POP-MUSIK AUS DEM RADIO UND LIESSEN DIE BLASEN UNSERER WESTKAUGUMMIS KNALLEN.

ICH HATTE IMMER NOCH NICHT TANZEN GELERNT UND BEOBACHTETE BEI DER FERIENLAGERDISKO DIE BEWEGUNGEN DER ANDEREN, UM SIE MIR EINZUPRÄGEN UND SIE VIELLEICHT EINES TAGES NACHZUMACHEN.

OSTKAUGUMMIS LIESSEN SICH GARNICHT AUFBLASEN. SIE HATTEN, WIE BEI ALLEM ANDEREN, AUCH HIER NICHT DIE RICHTIGE FORMEL GEFUNDEN.

SOWEIT WAR ALLES WIE IN DEN JAHREN ZUVOR. ABER BEI DER ZWEITEN ODER DRITTEN DISKO BETRAT ICH EINE ANDERE WELT...

ES WAR, ALS HÄTTE MAN MICH VON EINER GEWALTIGEN LAST BEFREIT. ALS HÄTTE ICH MICH ZUR HOMO- SEXUALITÄT BEKANNT UND KÖNNTE ENDLICH OHNE ZU LÜGEN LEBEN ICH HATTE GETANZT UND ICH WÜRDE ES WIEDER TUN.

IN DIESER ZEIT WAR MAN TIEF UNGLÜCKLICH, OBWOHL EINEM NIEMAND ETWAS GETAN HATTE. MAN WAR MIT SEINEN GEFÜHLEN DEN EREIGNISSEN WEIT VORAUS. MÄDCHEN, DIE NICHT AHNTEN, DASS MAN SIE ÜBERHAUPT BEACHTETE, VERLETZTEN EINEN, INDEM SIE EINEN NICHT BEACHTETEN.

ES WÜRDE KEINE ZUKUNFT FÜR UNS GEBEN. ZWISCHEN UNS LAGEN WELTEN

39

UND WIR HATTEN SPASS

WER AM MEISTEN MIST BAUTE, WAR AM POPULÄRSTEN. WENN EINER ERWISCHT WURDE UND ZUM LAGERLEITER MUSSTE...

...WURDE ER BEI SEINER RÜCKKEHR BEGRÜSST WIE EIN AUS DER KRIEGSGEFANGENSCHAFT ENTLASSENER SOLDAT VON SEINER KAMERADSCHAFTSVEREINIGUNG.

ABENDS WURDEN AUS UNS WIEDER KINDER

DAS WAR EINE PROPHEZEIUNG, AUF DEREN EINTREFFEN ICH IMMER NOCH WARTE.

DA ICH MICH AUF DEN SCHWARZEN PAGENSCHNITT KONZENTRIERTE, BEACHTETE ICH DIE BLONDEN HAARE IM SHELL-PARKA NICHT. ABER DAS ÄNDERTE SICH AM TAG DER ABREISE.

WAS EBEN NOCH EINE VERSCHWORENE GEMEINSCHAFT GEWESEN WAR, DIE MIT EINFACHEN MITTELN DEN GANZEN ZUG IN BESITZ GENOMMEN HATTE, DROHTE ZU ZERFALLEN.

NOCH WAREN DIE WICHTIGSTEN AUS DER GRUPPE ZUSAMMEN.

MAN HATTE ETWAS ANGST VOR DEN EIGENEN ELTERN, SIE WÜRDEN NICHT VERSTEHEN, WIE BEDEUTEND UNSERE NEUEN FREUNDSCHAFTEN WAREN. SIE WÜRDEN EINEN BEHANDELN WIE VOR DREI WOCHEN, ABER MAN WAR JETZT EIN ANDERER MENSCH. MAN HATTE EINE NACHT DURCHGEMACHT, MAN HATTE GELERNT, SICH ZUR MUSIK ZU BEWEGEN, MAN HATTE EINEN SPITZNAMEN BEKOMMEN.

UND VOR ALLEM : MAN HATTE GELIEBT UND WAR ENTTÄUSCHT WORDEN.

MEIN VATER HATTE EINE NEUE BRILLE UND WIRKTE STRENG, MEINE MUTTER MACHTE USCHI GEGENÜBER EINE BEMERKUNG, DIE MICH IN MEINER ENTWICKLUNG UM JAHRE ZURÜCKWARF.

IN DIESEM MOMENT VERSTAND ICH, DASS DIESES MÄDCHEN, DAS KATHRIN HIESS, IN MICH VERLIEBT WAR. NICHTS ANDERES KONNTE DIESER UNERWARTETE GRUSS BEDEUTEN. ICH MUSSTE GAR NICHT WEITER DARÜBER NACHDENKEN, ES WAR ÜBERDEUTLICH.

DAS ALTE LEBEN HATTE KEINEN REIZ MEHR. ES WAR MEINE ERSTE DEPRESSION

ALS ICH MICH ERHOLT HATTE, UNTERNAHM ICH ALLES, WAS IN MEINER MACHT STAND, UM KONTAKT ZU DIESER KATHRIN AUFZUNEHMEN

MEHR KONNTE ICH NICHT TUN. ABER VIELLEICHT WAR SIE JA AUCH KRANK GEWORDEN, WOMÖGLICH NOCH SCHLIMMER ALS ICH

ICH VERSUCHTE KRAMPFHAFT, IHR BILD NICHT ZU VERGESSEN.

DAS EINZIGE, WAS ICH VON IHR NOCH HATTE, WAR DER KLANG IHRER STIMME. ICH KONNTE MICH GENAU AN DEN TONFALL ERINNERN, ABER NUR BEI EINEM BESTIMMTEN SATZ. ICH HATTE SIE BEI EINEM LAGERAUSFLUG NACH JENA ZUFÄLLIG IN EINEM SÜSSIGKEITEN-LADEN GETROFFEN...

und einen Fetzer!

FETZER WAREN DIE EINZIGEN AKZEPTABLE DDR-SCHOKORIEGEL, DIE SOGAR EIN BISSCHEN VON DER DEHNBAREN, KLEBRIGEN KONSISTENZ WESTLICHER RIEGEL HATTEN. VIELLEICHT IMPORTIERTEN SIE HEIMLICH MARS UND MISCHTEN SIE IM VERHÄLTNIS 1 ZU 10 IN IHREN SCHOKO-LADENERSATZ.

DAS WAR ALLES, WAS MIR VON IHR GEBLIEBEN WAR

und einen Fetzer

IM WINTERFERIENLAGER WAR KATHRIN WIEDER IN MEINEM DURCHGANG.

SIE TRUG WIEDER IHREN PARKA

MAN MACHTE DAMALS SEINE JACKE NIE ZU. MAN DEMONSTRIERTE SO, DASS MAN SIE NICHT AUS PRAKTISCHEN GRÜNDEN TRUG.

KATHRIN TAT, ALS HÄTTE SIE MICH NOCH NIE GESEHEN. VIELLEICHT WAR SIE MIR AUCH BÖSE, DASS ICH NICHT INTENSIVER NACH IHR GESUCHT HATTE. ICH VERSUCHTE, AUF MICH AUFMERKSAM ZU MACHEN.

Weiss noch mich, dass Ehrgeiz uncool ist

Ey! Ohne Schmettern!

WEIL ICH DACHTE, DASS SIE MICH HASSTE, SPRACH ICH DREI WOCHEN KEIN WORT MIT IHR. SIE WAR JA AUCH NICHT DIE EINZIGE, DIE MIR GEFIEL.

Wo sind sie hin?

WENN ICH HEUTE IN JENA BIN, SUCHE ICH IMMER VERGEBLICH NACH DIESER GASSE MIT DEM SÜSSIGKEITENLADEN.

WENN MAN NICHT WÜSSTE, DASS MAN IN JENA IST, KÖNNTE MAN DENKEN, MAN SEI IN DARMSTADT. ABER ES GIBT ETWAS, WAS DIESE STADT FÜR MICH ZU ETWAS BESONDEREM MACHT.

Können sie sich an dieses Mädchen erinnern?

Sie klingt in etwa so:

"Und einen Fetzer!"

ABER ALLE SCHÜTTELN DEN KOPF.

Jochen Schmidt / Mawil 2007

43

Tagelang war in den Nachrichten nur von einem italienischen Kind die Rede, das kopfüber in einen Gully gefallen war und feststeckte. Ein Artist wurde in die Tiefe geseilt, aber auf halbem Weg entglitt ihm das Kind und rutschte beim zweiten Sturz noch weiter nach unten. Der Papst scheute die Reise nicht und trat an das Gullyloch, um mit dem Kind zu beten, das aber trotzdem starb. Eine Weile machte ich an jedem Gullydeckel einen Ausfallschritt, um zu demonstrieren, was für extravagante Ängste ich hatte, zu denen andere gar nicht fähig gewesen wären. Es reichte ja schon, dass die Bildröhre des Fernsehers implodierte und die Scherben mich durchbohrten. Oder ich hatte plötzlich den Eindruck, der Fernsehturm kippe um, weshalb ich ihn nie aus den Augen ließ, um im Ernstfall noch aus dem Weg rennen zu können. Über jeden Bahnsteig ging ich schwankend wie ein Seemann, das Gewicht auf das den Schienen abgewandte Bein verlagernd. Eines Tages würde mich ein Irrer vor die U-Bahn stoßen, er wartete nur noch auf den richtigen Moment, in dem es mir am ungelegensten käme. Aber vielleicht würde ich gar nicht so alt werden, sondern schon vorher gestorben sein, denn ich bildete mir ein, Muskelschwund zu haben. Misstrauisch prüfte ich meine Muskeln, die vom ständigen Nachdenken weniger zu werden schienen. Oder war ein Bandwurm schuld, der mein Essen verdaute? Wenn ich als Erster nach Hause kam, betrat ich auf Zehenspitzen die Wohnung, ein Taschenmesser zwischen den Zähnen, ein Lasso und unsere Campingaxt in der Hand, weil ich davon überzeugt war, dass sich bei uns Einbrecher versteckten. Ich brauchte eine Stunde, bis ich die Wohnung lautlos nach ihnen abgesucht hatte. Ich war froh, in der DDR zu leben, wo es keine Erdbeben, Vulkanausbrüche oder Skorpione gab. Beim Einschlafen sah ich mich in Afrika, von Menschenfressern gehäutet und gekocht. Wie durch ein Wunder konnte ich ihnen entkommen und durch den Urwald flüchten, von Tigern verfolgt. Mein Fuß blieb in einer Wurzel stecken, die mitten auf dem Weg wie ein Fangeisen aus dem Boden ragte. Die Tiger näherten sich, ich sägte mit einem zu kleinen Messer verzweifelt an der Wurzel. Im letzten Moment hielten die Tiger inne und wandten sich ab. Da fiel mein Blick auf die über mir im Baum hängende riesige Boa, die sich um mich wickeln und so stark zupressen würde, dass mir das Blut aus den Poren träte. Selbst wenn ich das überleben würde, würde ich auf meiner Flucht in den Bergen durch ein zu lautes Wort eine Lawine auslösen, die mich unter sich begrübe. Zum Glück hätte ich daran gedacht, einen Buckel zu machen, um unter mir ein Luftpolster zu erzeugen, sodass ich durchhalten würde, bis der Hilfstrupp mit langen Stangen nach mir suchen käme. Es wären aber gar keine Männer von der Bergwacht, sondern regierungsfeindliche Rebellen, die mich als Geisel nehmen und vor eine Kanone binden würden. Nur, wenn in diesem Moment eine Sonnenfinsternis eintreten würde, würden die Rebellen vor Angst erstarren und ich könnte ihre Verwirrung zur Flucht nutzen. Auf meinem Weg in die Heimat würde ich aber im Eis eines Flusses einbrechen und, von der Strömung erfasst, panisch versuchen, zurück zur Einbruchsstelle zu finden. Ich würde im Zelt eines Indianerstamms erwachen, dessen Krieger mich gerettet hätten und pflegen würden, um mich als Menschenopfer ins Moor zu werfen, wo ich mit jeder Bewegung tiefer in die schwarze Flüssigkeit gezogen würde, bis nur noch meine vor Todesangst wie irre geweiteten Augen zu sehen wären.

Man muss sich immer bewusst machen, wie gut es einem geht. Im Grunde steht man doch ganz oben auf der Leiter des Glücks, deren Füße man gar nicht mehr sieht. Man muss nur an den Mann denken, der am Eingang der Dialysestation auf zwei Krücken gestützt auf seinen Krankenwagen wartet. Sein Körper kann sein schmutziges Blut nicht mehr reinigen, das ist viel schlimmer, als dass mein Körper meine schmutzige Wohnung nicht mehr reinigen kann. Und auch der Mann vor der Dialysestation denkt, hätte ich doch früher mein sauberes Blut mehr zu schätzen gewusst! Aber eigentlich geht es mir noch gut, man muss nur den Kraftfahrer sehen, der jeden Tag von morgens bis abends Patienten wie mich durch die Stadt fahren muss, immer mit fremden Schicksalen konfrontiert, für die man Mitgefühl aufbringen soll. Und der Kraftfahrer denkt, ihm geht es doch noch gut, denn ihm tut seine arme Frau leid, die jeden Abend seine Laune ertragen muss, wenn er beim Essen den ganzen Ärger über seine verfehlte Existenz (von wegen Rennfahrer!) an ihr auslässt. Aber auch seine Frau will nicht undankbar sein, ihr ist völlig bewusst, dass ihre Kinder es noch schlechter haben, die haben sich ihr familiäres Umfeld nicht aussuchen können und wirken täglich verstörter. Aber die Kinder denken, wie gut es ihnen noch geht, wenn sie an Benny denken, dem sie jeden Tag vor der Schule auflauern, um Schutzgeld von ihm zu verlangen. Und Benny hat einen Hamster ... Aber der Hamster denkt an die Mäuse im Zoogeschäft, die jeden Tag an die Schlangen verfüttert werden. Und die Mäuse denken, mein Gott, es ist wenigstens ein schneller Tod, die Natur hat es so gewollt, nicht wie bei den Ratten, die genmanipuliert sind und über ihre eigenen Hautfalten stolpern. Und die genmanipulierten Ratten denken, wir sind nicht umsonst gestorben, wir sind im Grunde Forschungsreisende auf einer Expedition in eine Welt jenseits von Krankheit und Tod. Und der Tod denkt, ich bin zwar nicht sehr beliebt, aber wenigstens muss ich mir mein Geld nicht beim Kellnern verdienen. Und die Kellnerin denkt, ich habe zwar einen der schrecklichsten Jobs dieser Welt, aber dafür kann ich mich durch Unfreundlichkeit an der Menschheit rächen, zum Beispiel an dem Mann da am Fenster, der die ganze Zeit in sein Notizbuch kritzelt, weil gerade seine große Liebe vorbeigelaufen ist, der er nicht mehr begegnet ist, seit sie ihn verlassen hat.

Diese Japanerin macht mir zu schaffen, ein zähes Biest. Wie die es wohl angestellt hat, so alt zu werden? Bestimmt immer vor Sonnenaufgang aufgestanden und einen Reisschnaps getrunken. Aber ich kann warten. Äußerlich wirke ich eigentlich schon älter als die mit ihrer glatten Haut, die kann angeblich sogar noch laufen. Hoffentlich fällt sie dabei irgendwann die Kellertreppe runter. Ob sie manchmal an mich denkt? Angeblich essen sie in Japan grünes Gemüse, und die Rentner spielen zusammen Boccia, das ist ihr Geheimnis. Aber man wird doch nicht so alt, um mit seinen Gleichaltrigen Boccia zu spielen, die konnte ich doch schon als Kind nicht leiden. Und ich habe sie alle überlebt! Schade, dass ich nicht mehr auf Begräbnisse kann, das war immer erhebend. Man sagt, Frauen werden älter als Männer, weil wir beim Menstruieren Schwermetalle ausscheiden. Ich glaube, Männer sind einfach minderwertige Wesen. Fünfmal verheiratet und jedesmal eine neue Pleite. Erst sehen sie ganz stattlich aus, aber gleich nach der Hochzeit werden sie senil. Der Letzte hat uns fast ruiniert, weil er jeden Tag Bücher über seine Heimatstadt im Internet bestellt hat. Der Schlaganfall ließ auf sich warten, der hat sich schon eingebildet, nicht wie die anderen zu enden. Einen Neuen will ich nicht mehr. Der älteste Deutsche ist 104, und ich bin 110, wie würde denn das aussehen? Der könnte ja mein kleiner Bruder sein. Obwohl ich mich noch nie so jung gefühlt habe wie jetzt, das machen diese fabelhaften Pillen. Und dass ich mir keine Sorgen mehr machen muss, ist doch alles scheißegal. Zu alten Menschen muss man freundlich sein, selbst wenn sie ständig meckern. Ich war ja immer in allem mittelmäßig, total unmusikalisch, zu faul zum Arbeiten, mein einziges Talent war es, so alt zu werden, aber das habe ich erst spät gemerkt. Journalisten erzähle ich immer, ich würde täglich ein rohes Ei in einem Glas warmem Rotwein verrühren und auf ex trinken, das Geheimnis meiner Langlebigkeit. Irgendwas muss man denen ja sagen. Ich habe immer geraucht und gesoffen und fettes Essen bevorzugt, nicht wie mein Sohn, dieser impotente Rohköstler. Jetzt sitzt er im Altersheim und kriegt nichts mehr mit, weil sein Gehirn sich auflöst. Das kommt von den vielen Büchern. Ich habe mich nie geistig betätigt oder für irgendetwas interessiert, deshalb wird mir heute auch nicht langweilig, wo ich halb blind bin und mir nichts mehr merken kann. Es reicht mir, meine Zeit mit Gedanken an meine Altersgenossen zu verbringen. Diese Kirgisin, die immer Joghurt frisst, sich nachts mit Lammfett einschmiert und selbst im Winter unter freiem Himmel schläft, 109 Jahre. Der glaube ich kein Wort. Joghurt! Und die sture Schachtel aus Japan, die einfach nicht abtreten will. Es ist nicht leicht, der Älteste zu sein, man spürt die Jüngeren im Nacken, die einem nur Schlechtes wünschen. Zu meinem letzten Geburtstag hat mich der Bundespräsident besucht, nachdem er sonst immer nur Blumen geschickt hat. Diesmal konnte er sich nicht drücken. Ich habe die ganze Zeit nicht die Augen aufgemacht und nur einmal leise gestöhnt, das war ein Spaß. Es gab Sahnetorte, und als ich schließlich doch noch mein korrektes Alter gemurmelt habe, haben alle applaudiert. Die waren richtig erleichtert, dass ich nicht gestorben bin, während sie daneben standen. Ich habe sogar ein bisschen mit dem Mann geflirtet, das heißt, ich habe seine Hand nicht mehr losgelassen, das traut man einer 110-Jährigen nicht zu. Die Menschen sind so glücklich, wenn wir nicht vor laufender Kamera zu sabbern beginnen. »Sehen sie mal, sie sieht fern, auch in ihren hohen Jahren interessiert sie sich noch für das, was in unserer Welt vor sich geht!« Blödsinn, ich interessiere mich für gar nichts, damit bin ich immer gut gefahren. Ich warte nur, dass diese sture Japse endlich an ihrem Gebiss erstickt.

Als ich *Asteria* übernahm, war ich noch unerfahren im Geschäftsleben. Das Aufgabenfeld war abwechslungsreich, denn *Asteria* war ein flexibles Unternehmen mit einer so umfangreichen Produktpalette, dass wir uns auf jede Forderung des Markts einstellen konnten. Dennoch mussten wir die Konkurrenz fürchten. Mit meiner Idee, uns von ihr dafür bezahlen zu lassen, unsere Produkte nicht herzustellen, machte ich mir einen Namen. Wir investierten ständig in unsere Maschinen und Anlagen, wir beschäftigten die besten Ingenieure und die fähigsten Wissenschaftler, und da die Produktion immer stillstand und Materialaufwand und Verschleiß gering waren, hatten wir auch die Mittel dazu. Die Konkurrenz erkannte unser Potential und zahlte bereitwillig, damit wir es nicht einsetzten. Und anders als bei der Konkurrenz, die ihre Produkte bei immer größerer Produktivität immer billiger anbot, stieg bei uns der Preis, je weniger Produkte von immer höherer Qualität wir nicht herstellten.

Thetys war ein kleines Unternehmen, das ich von meinem Vater erbte und dessen Produktion ich nur aus sozialer Verantwortung den Angestellten gegenüber weiterlaufen ließ. Das Unternehmen war lange vernachlässigt worden, wir produzierten mit alten Maschinen, nach alten Plänen. Die Welt hatte sich verändert, unsere Produkte fanden ihr Anwendungsgebiet nicht mehr, nicht einmal mir war klar, wozu sie überhaupt dienten, am ehesten eigneten sie sich noch als Briefbeschwerer. Die ältesten Angestellten erinnerten sich zwar noch, welches Bedürfnis unsere Produkte einmal befriedigt hatten, aber sie konnten es nur in einer veralteten Sprache beschreiben, sodass es uns nicht gelang, ihre Worte zu deuten, wie aufmerksam wir ihnen auch lauschten.

Gerne erinnere ich mich an meine Zeit bei *Klymene*, auch wenn ich den Firmensitz nie betreten habe. Ich bekam die Produkte dieses Zweigbetriebs in mein Büro geschickt und studierte aufmerksam ihre Beschaffenheit, bis ich in der Lage war, an ihnen den Zustand *Klymenes* abzulesen, die Geräumigkeit der Werkhallen, die Charakterfehler der leitenden Angestellten, die Qualität der Betriebskantine, die Stimmung unter der Belegschaft. Aber auch über andere Faktoren, die gar nicht direkt mit *Klymene* zusammenzuhängen schienen, gaben ihre Produkte Aufschluss, die Farbe des Himmels bei Schichtwechsel, die Bewegung, die die Frauen im Ort beim Tanzen machten, wenn sie sich unbeobachtet fühlten, das Gespräch zweier Fremder beim Verlassen des Kontinents. Vorsichtig betasteten meine Hände die Produkte *Klymenes*, und manchmal kam es mir vor, als würde nicht das Unternehmen das Produkt herstellen, sondern das Produkt das Unternehmen.

Alles, was ich über Menschenführung weiß, habe ich in meiner Zeit bei *Iapetos* gelernt, wo ich mich zum ersten Mal mit Personalfragen befasste. Die Produktion war noch nicht angelaufen, die Planungen in einem frühen Stadium, die ersten Taktstraßen wurden gerade montiert. Wir scheuten keine Kosten, um das beste Personal einzustellen, und zu diesem Zweck führten wir intensive Einstellungsgespräche. Die Liste der Bewerber war lang, und jeder hatte die gleiche Aufmerksamkeit verdient, denn am Ende sollte jeder zu jedem passen. Da die Bewerber erfahren darin waren, sich zu bewerben, wussten sie, wie sie den besten Eindruck hinterließen, und wir wussten um dieses Wissen und kamen ihnen zuvor, indem wir, statt uns die Selbstdarstellung der Bewerber anzuhören, ihnen von uns erzählten. Ob der Bewerber in dieser Erzählung eine Rolle spielte, ergab sich aus der Logik der Erzählung.

Kreios war meine Spielwiese, das einzige Unternehmen in dem ich mir meine Entscheidungen nicht vom Markt diktieren lassen wollte. Jeder Angestellte durfte selbst bestimmen, was er herstellen wollte, und unsere Entwicklungsabteilung befasste sich mit der Frage, wie sich diese verschiedenen Produkte kombinieren ließen. Von meinem Beobachtungspunkt aus, einem gläsernen Büro, das über den Werkhallen thronte, sah ich den Angestellten bei der Arbeit zu, die sie glücklich machte, weil sie nicht wussten, woran sie arbeiteten. Jedes Produkt war ein Selbstporträt seines Herstellers, und da jeder nur sein eigenes Produkt kannte, ahnten meine Mitarbeiter nicht, dass sie, sobald die Teile zusammengefügt und die letzte Schraube festgezogen wäre, eine Kopie unseres Unternehmens hergestellt haben würden, die, wenn man sie in Betrieb nähme, wiederum eine Kopie unseres Unternehmens ausspucken würde.

Mit *Themis* erlebte ich zum ersten Mal einen Rückschlag. Ich hatte eine Firmenstruktur geschaffen, die so komplex war, dass alles mit allem in Verbindung stand und nichts überflüssig war. Man konnte sagen, dass die Reinigungskraft, die am Abend die Werkhallen ausfegte, den gleichen Einfluss auf den Erfolg hatte wie der leitende Ingenieur. Die Abläufe waren so vollständig optimiert, dass jeder Handgriff im Schlaf zu erledigen war. Aber das Bewusstsein, sich in einer so perfekten Organisation zu bewegen, führte bei meinen Angestellten zu Verkrampfungen. Niemand wollte das Ganze gefährden, indem er einen Fehler machte, die Folgen jeder Handlung waren ja nicht abzusehen. Jeder war gleich wichtig, aber damit auch austauschbar. Die Arbeiter revoltierten, sie wünschten sich das Chaos zurück, das sie zwar nicht beherrscht hatten, das ihnen aber gerade deshalb weniger unheimlich war.

Die Marktlücke, die *Eurybie* nutzte, waren langfristige Aufträge. Wir waren so darauf konzentriert, den Zeitplan einzuhalten, dass niemand mehr wusste, für wen wir eigentlich produzierten. Wenigstens der Firmenleitung hätte der Liefertermin bekannt sein sollen, aber aus Angst, ihn längst verpasst zu haben, wurde der Vertrag über die Bestellung geheim gehalten und gehütet wie ein Schatz. So konnte nie Gewissheit darüber herrschen, ob wir erfolgreich oder gescheitert waren, die Meinungen darüber gingen auseinander. Sicher war nur, dass es darauf ankam, nie fertig zu werden, denn nur solange unser Produkt in Arbeit war, würde sich die Frage nicht stellen, ob wir rechtzeitig geliefert hatten, und bis dahin waren Erfolg und Scheitern nur zwei Interpretationen desselben Sachverhalts.

Okeanos zeigte mir, wie schwer es sein kann, neue Ideen durchzusetzen. Anfangs versuchte ich noch, die Produktpalette dem Markt anzupassen oder das Design zu modernisieren, aber der Widerstand aus den Reihen der Belegschaft war zu groß. Wollte ich diese Kante schräger haben oder jene Oberfläche in einem anderen Farbton, erinnerte man mich daran, wer den Winkel der Kante und den Farbton einst, lange vor meiner Zeit, so eingeführt hatte. Es war gegen jede Pietät, daran etwas zu ändern, schließlich waren unsere Produkte die einzige Erinnerung an diese Mitarbeiter, deren Namen längst vergessen waren und die nur in für die Kunden unbedeutenden Eigenschaften unserer Produkte weiterlebten. Auch die Erinnerung an mich würde eines Tages im Muster einer Nietverbindung oder im Mischungsverhältnis eines Zweikomponentenklebers aufgehoben sein, und wollte ich, dass unsere Nachkommen mein Gedächtnis pflegten, so musste ich das meinerseits mit dem Gedächtnis unserer Vorfahren tun. Darin bestand auch meine eigentliche Aufgabe als Firmenchef, wie mir nach und nach bewusst wurde: Alles zu ändern, hätte jeder gekonnt, aber alles so zu lassen, das erforderte Charakter.

Ohne meine Arbeit bei *Kronos* hätte ich nie gelernt, was ein erfolgreiches Unternehmen ausmacht, das in der Lage ist, sich so vollständig mit den Wünschen seiner Kunden zu identifizieren, dass es sie erahnt, noch bevor sie der Kunde selbst kennt. Um das zu können, musste *Kronos* sich den Eigenschaften des Kunden annähern. Neigt der Kunde zu spontanen Käufen, müssen wir spontan produzieren, hegt der Kunde einen geheimen, nie erfüllten Wunsch, vielleicht noch aus der Kindheit, muss das Unternehmen wie ein Kind mit unberechenbaren Wünschen sein. Für das Unternehmen ist der Kunde das Chaos, und um es zu lesen, muss es selbst zum Chaos werden.

Bei *Rhea* setzte ich die gesammelten Erfahrungen meines Geschäftslebens um, ich wollte ein Unternehmen aufbauen, mit dem sich die Mitarbeiter vollständig identifizierten. Ich ging so weit, die Führungsstruktur so undurchsichtig zu gestalten, dass für niemanden entscheidbar war, ob er der Chef des Unternehmens oder sein Angestellter war. Wer an einem Werkstück feilte, konnte sich als Gefangener eines mechanischen Arbeitsprozesses fühlen oder als Künstler, der seinem Lebenswerk mit ein paar Handgriffen den letzten Schliff gibt. Der Zuträger, der die Werkstücke zwischen den Abteilungen transportierte, war er ein Dienstbote oder ein Eigentümer, der, seinen Besitz abschreitend, im Vorübergehen hier und da ein welkes Blatt aus einer Blumenrabatte zupft? In meinem Büro, hoch oben im Stammsitz des Unternehmens, war ich dort sein Chef oder sein Gefangener im Turm? Ob man Herr war oder Knecht, war durch nichts festgelegt, es war eigentlich unentscheidbar, aber nur das machte es zu einer Entscheidung, denn anstatt sich aus der objektiven Bewertung der Umstände und einer Reihe von logischen Schlussfolgerungen zu ergeben, lag es im Ermessen jedes Einzelnen und war damit seine Freiheit und sein Fluch.

Wie ich aus der Fachliteratur weiß, sitzen die meisten Frauen gerne in der Badewanne. Man braucht eine Orangenpresse und eine Wanne, um als Traummann in Frage zu kommen. Dabei braucht man in Wirklichkeit auch noch Wasser, ohne das die schönste Wanne ihre Wirkung nicht entfalten könnte. Da ich seit Jahren in meiner Wohnung unterwegs bin, immer irgendwo auf halbem Weg zwischen Arbeitsplatz, Abwaschbecken und Bett, habe ich mir überlegt, dass ich mich ja einmal in die Wanne legen könnte, um der Routine zu entkommen, aber, um Wasser zu sparen, in die leere. Es ist angenehm kühl in der leeren Wanne und man bekommt keine nassen Hände und kann ein gutes Buch lesen, nicht wie sonst immer nur die Gummisabberbücher vom Baby. Im Bad fühlt man sich am geborgensten, weil es keine Fenster hat und man nicht rausfallen kann. Es ist so etwas wie das Oval Office im Weißen Haus oder wie der Raum, von dem aus der Böse bei James Bond immer agiert und in den man nur kommt, nachdem man zahlreiche Schleusen passiert hat. Die Bösen bei James Bond haben ja immer sehr geschmackvoll eingerichtete Wohnungen. Während James Bond gar keine Wohnung hat, wenn ich mich recht erinnere.

Durch den Abzugsschacht der Gastherme dringen Geräusche von der Straße herein, eine Taube gurrt direkt neben dem Schornstein, sie ahnt nicht, dass ich sie belausche. Wenn man mich so sehen würde, könnte man mich für verrückt halten, und das nur, weil kein Wasser in der Wanne ist. Dabei habe ich ja meine Sachen an. Wäre es noch verrückter, nackt in der leeren Wanne zu liegen? Gibt es denn verschiedene Grade von Verrücktheit? Ist man so lange normal, wie man einen noch Verrückteren findet? Ich bin froh, dass ich kein Sachverständiger für die Zurechnungsfähigkeit des Angeklagten zum Zeitpunkt der Tat bin.

Es gibt eigentlich niemanden, mit dem ich es in meiner Wanne lange aushalten würde. Die meisten würden es auch ablehnen, in eine leere Wanne zu steigen. Dabei kann man doch auch ohne Haken angeln, wenn man den Fisch sowieso wieder reinwirft. Dann muss man auch nicht so früh aufstehen. Oder gleich ohne Angel. Wahre Angler können jederzeit angeln, ohne überhaupt am Wasser zu sitzen, Angeln ist ja eine Lebenseinstellung. Komischerweise ein sympathisches Hobby, im Gegensatz zur Großwildsafari. Dabei ist es doch zynisch, den Wert eines Fischlebens geringer einzuschätzen als den eines Elefanten, nur weil es mehr Fische gibt oder weil Elefanten dem Menschen ein bisschen ähnlicher sehen.

Morgens hole ich das alte MIFA-Damenrad aus dem Schuppen und fahre zum Schreibwarenladen, wo es die Zeitung gibt. Es gefällt mir, dass das Fahrrad schlecht aufgepumpt ist und dass nichts daran mehr funktioniert. Die Handbremse ist gerissen, die Lampen sind abgefallen, die Kette ist verrostet, der Deckel der Klingel fehlt. An einem Kabel hängt eine Wäscheklammer, ich weiß nicht, welchen Zweck sie hat, aber man muss nicht immer alles in Frage stellen, nur weil man es nicht versteht. Auf meinem kaputten Fahrrad bin ich glücklich, wenn ich zum Schreibwarenladen fahre, in Hauslatschen, ich bin ja gleich zurück. An der Ecke grüße ich Herrn Jänisch, der neuerdings zwei Krücken braucht, wenn er am Gartentor steht und die Vorbeifahrenden betrachtet. Er nickt mir immer freundlich zu, ob er mich erkennt?

Ich kaufe die MOZ und manchmal etwas für die Kinder, buntes Pergamentpapier oder ein Schreibheft mit Hilfslinien. Es liegt ein Stempelkissen im Regal, Marke »Barock«, vom VEB Robotron Elektronik Dresden Werk Bürochemie. Der DDR-Preis von 4,80 Mark ist überklebt mit 9,50 DM. Auch dieser Preis ist noch einmal überklebt worden, zur Zeit kostet das Stempelkissen 4,85 Euro. Ich kaufe es nicht, ich habe nämlich schon eins gekauft, und das zweite soll ruhig noch eine Weile dort im Regal liegen, ich freue mich jedesmal so, wenn ich es sehe.

Ich klemme die Zeitung unter den Gepäckträger und fahre zurück. Weich rollen die schlecht aufgepumpten Reifen über die schiefen Betonplatten der Kirschallee, meine Handbremse geht nicht, ich brauche keine, ich bin einer von hier, mein Fahrrad ist noch aus der DDR, genau wie ich.

Im Haus mache ich mir einen Kaffee und lese die MOZ. Andere lesen Romane, das verstehe ich nicht, eine einzige Ausgabe der MOZ ist viel interessanter als jedes Buch und noch dazu stimmt alles.

Karl Lagerfelds größter Feind ist die Langeweile, lese ich. Ich sehe mich um, nein, ich langweile mich nicht. Ich lese ja Zeitung. Und dass Karl Lagerfeld Angst hat sich zu langweilen, ist doch interessant.

Der HSV weiht einen Fanfriedhof mit Platz für 500 Gräber ein. Da würde ich mich nicht begraben lassen, das würde man doch vielleicht eines Tages bereuen.

Eine Frau ist an der Tür ihrer Nebenbuhlerin abgewiesen worden, obwohl sie von innen ihren Mann gehört hatte. Daraufhin hat sie sein Auto im Neckar versenkt. Die Frau tut mir leid. Ich kann mich gut in ihre Lage versetzen. Ob sie sich nach ihrer Tat besser gefühlt hat?

Ein Postbote hat seit August 2007 keine Briefe mehr ausgetragen, sondern sie gehortet oder weggeworfen. Er hatte sich überfordert gefühlt, weil er gerade abends seinen Hauptschulabschluss nachholte. 20.000 Briefe hat er veruntreut. Der arme Kerl, er hat es einfach nicht mehr geschafft, die Briefe abzuliefern, und täglich trafen neue ein. Kein Tag ohne Briefe. Meistens bewirkt ein zugestellter Brief ja, dass ein weiterer Brief geschrieben wird. Man macht sich nur selber Arbeit.

Das sind die nationalen Meldungen, mich interessiert aber der Lokalteil viel mehr. Bei den Annoncen steht: »*Vernachlässigte russische Ehefrau sucht vernachlässigten Ehemann.*« Ich bin ja nicht verheiratet, aber ich fühle mich auch vernachlässigt. »*Endlich frei! Frisch geschieden und auf der Suche nach einem Flirt und gemeinsamen Abenteuern.*« Endlich frei! Wie erleichtert das klingt. Sollte man die beiden verkuppeln? Aber vielleicht sind sie ja in Wirklichkeit ein Paar? Sie vernachlässigt und er endlich frei?

Legehennenverkauf, Freiland, Stück 5,50 Euro. So billig ist eine Henne? Wo es doch ein Lebewesen ist? Was kostet denn dann ein Mensch?

»*Trommelhechselmaschine mit Schleifringmotor zu verkaufen.*« Ich weiß gar nicht, was das ist. Gern würde ich mehr darüber erfahren.

Der Frankfurter Amateurkünstler Peter Pätzold hat seinen zweiten Kalender mit Aquarellen fertig. Er hat sich das Malen vor zehn Jahren selbst beigebracht. Unvergessen sei ihm der Tag, als ein schwedischer Diplomat an seine Tür klopfte und zwei Bilder kaufte. Leider passiere so etwas nur selten. Stolz präsentiert er seine Ansichten von Frankfurt / Oder.

Der Quappendorfer Wohnbereich Neufeld feiert in diesem Jahr sein 250. Jubiläum. Quappendorf bekam 1911 elektrische Energie, vier Jahre vor Neuhardenberg. 2002 fand ein Neufelder beim Ausschippen des Rübenkellers einen 3-Pfennig-Taler von 1855. Erzählt wird immer noch von der sechsjährigen Erika Liese, die 1919 beim Pflücken eines Geburtstagsstraußes für ihre Mutter in der Alten Oder ertrank. Wie tragisch! Ich habe auf dem Dorf auch manchmal Blumen gepflückt am Geburtstag meiner Mutter, aber ich bin nie dabei ertrunken. Ich versuche mir vorzustellen, wie Erika Liese heute aussehen würde, 90 Jahre später. »Und dann reichte er mir seine rettende Hand«, würde sie ihren Enkeln immer erzählen, die nicht hinhören, weil sie die Geschichte schon auswendig kennen. »Sonst würde es euch gar nicht geben. Die Blumen waren natürlich futsch.«

Am Sonntag ist bundesweit der Tag des offenen Denkmals. Auf dem Birkenhof bei Libbenichen ist das 1920 erbaute Windrad zu besichtigen. Sieht man das nicht von der Chaussee aus? Ich habe mich meine ganze Kindheit über gefragt, wozu das diente. Vielleicht sollte ich da am Sonntag hinfahren? Aber es gibt auch noch eine Bunkerbesichtigung in Falkenhagen, das Dampfpflügen bei Niederjesar und die Beerdigung von Frau Schulz. Es ist immer so viel los auf dem Land.

In Seelow ist eine Fischtreppe gebaut worden. Was es alles gibt! Wassertiere können nun den Höhenunterschied von 80 Zentimetern überwinden. Mit Inbetriebnahme der Fischtreppe verringere sich die Zahl der Hindernisse für die Fischwanderung im Oderbruch auf drei: die Wehre im Quappendorfer Kanal, im Letschiner Hauptgraben sowie am Golzower Richtgraben. Das sagt mir alles nichts, weil ich leider nie ein Paddler war. Obwohl ich schon eine wasserfeste Wasserwanderkarte gekauft hatte. Eigentlich sind wir Menschen doch gut zu den Tieren, wenn wir sogar den Fischen Treppen bauen. Beruhigend, dass es für alles immer jemanden gibt, der sich von Berufs wegen damit befasst.

Ein Foto zeigt den Hohenwutzener Storch, der sich mit den örtlichen Anglern zusammengetan hat. Er beobachte sie täglich bei ihrer Tätigkeit. Mit den Fischen, die er abbekomme, füttere er seine vier Jungen, teilt Erhard Bräsike aus Hohenwutzen mit.

Unter »Etwas zum Lachen« steht sogar ein Witz: »*Sagt ein Eisbär zum anderen: Du glaubst nicht, was mir heute passiert ist: Ich habe einen Pinguin gesehen.*« Ein Witz, der gar nicht witzig ist? Da muss ich lachen. Oder ist das gar nicht zum Lachen, weil es doch witzig ist und ich es nur nicht verstehe?

Zur 700-Jahr-Feier seines Ortes stellt der Golzower Eckhard Wagner erstmals Gemälde seines Vaters Karl aus. Karl war das elfte von 13 Kindern. Er ist zum Anstreicher ausgebildet worden. Auf leere Zementsäcke hat er schon als Zwölfjähriger in der Ausbildung dörfliche Szenen gezeichnet. Im kriegszerstörten Golzow musste er aber Anstreicher bleiben, um die Familie zu ernähren. Nun kann man seine Bilder endlich betrachten. 13 Kinder, das wäre ja heute eine Sensation. Darf man überhaupt noch so viele Kinder bekommen?

Ein 82-jähriger Motorradfahrer ist am Montag an der Golzower Straße tödlich verletzt worden. Er war in einer Linkskurve gegen einen Zaun geprallt. Ein Hubschrauber hat den Schwerverletzten ins Unfallkrankenhaus Marzahn transportiert. Wie er da gelegen haben muss am Zaun, der Motor noch an, ein Rad rollt die Straße runter. Und er denkt: »Mein Gott, *so*?« Vielleicht ist er ja bei der Gelegenheit zum ersten Mal im Leben geflogen? Alte Menschen, die dem Straßenverkehr zum Opfer fallen, ein Bild, an das wir uns gewöhnen müssen.

Im Amtsbereich Golzow gibt es fünf Kandidaten für das Ehrenamt des Gemeindebürgermeisters. Harald Engel, 51, Baufacharbeiter aus Bleyen-Genschmar, kandidiert für die »Freunde des Angelsports«. Wen ich wohl wählen würde? Ich vergleiche die Gesichter. Sie sehen alle recht fähig aus, sonst würden sie ja auch nicht kandidieren. Man kann ja froh sein, dass sich noch jemand für so ein Ehrenamt zur Verfügung stellt. Noch ist nicht alles verloren. Aber man kann leider nur einen von ihnen wählen.

Zum Schluss die Geburtstagsliste. Schön, wie alt manche Menschen schon geworden sind, da denkt man gleich, man selber wird auch mal so alt. Die Vornamen der heutigen Geburtstagskinder sind: Ida, Margot, Erika, Werner, Gerhard, Käthe, Irmgard, Helene, Karl.

Schade, die Zeitung ist ausgelesen. Jetzt muss ich wohl mal ans Mittagkochen denken. Ich freu mich schon auf die Zeitung von morgen. Mal sehen, was dann wieder alles passiert ist.

Ich war immer ein selbstkritischer Geher, der sich mit seinem Gang nie zufrieden gab. Gehen ist ja eine paradoxe Fortbewegungsart, man lässt sich bei jedem Schritt wie in einen Abgrund fallen und wird im letzten Moment vom anderen Bein aufgefangen. Es war mir immer wichtig, mein Gehen keinem rationalen Zweck unterzuordnen, man würde sich dann kaum von Menschen unterscheiden, die in die Verbannung gehen oder ihren letzten Gang zum Galgen tun. Selbst beim olympischen 100-m-Finale wäre ich zu stolz, wie ein Schulkind mit den anderen mitzurennen, ich würde gehen, und jeder würde meinem Gang ansehen, dass ich, wenn ich nur gewollt hätte, Erster geworden wäre.

Am liebsten bin ich immer allein und ohne Zuschauer gegangen, dann war mein Gehen am vollendetsten. Ich habe das oft beobachtet, wenn ich auf eine Fensterfront zuging. Wie groß ich schon wieder geworden war! Gern hätte ich einen Spiegelträger beschäftigt, der immer neben mir herlief, sodass ich mein Gehen in jeder Bewegungsphase verfeinern könnte. Aber auch dann würde ich mich nie von hinten gehen gesehen haben. Wollte ich wissen, wie mein Gehen von hinten aussah, musste ich mich auf Aussagen anderer verlassen. Von hinten kennt man sich nur aus zweiter Hand.

Was mir allein wie selbstverständlich gelang, vollendetes, interesseloses, virtuos auf der Klaviatur der Gelenke spielendes Gehen, war unter den Blicken bestimmter Menschen nicht mehr möglich. Wenn ich zum Beispiel auf ein Mädchen zuging, war das Einfachste das Schwerste. Plötzlich drohte ich wirklich in einen Abgrund zu fallen. Gefährlich war auch der Einfluss fremder Gehweisen. Mein Leben lang habe ich, ohne es zunächst zu merken, meinen Gang verraten und bin wie einer meiner Begleiter gegangen. Ich ging o-beinig wie ein Fußballspieler oder setzte wie John Wayne beide Füße parallel, als hätte ich Blasen. Unbekannte zwängten mir ihren Gang auf, und ich brauchte jedesmal lange, um wieder zu meinem eigentlichen, von fremden Einflüssen freien Gehen zurückzufinden. Mal ging ich wie Adriano Celentano in »Die Zähmung des Widerspenstigen«, mal federnd wie Samuel L. Jackson. Manchmal kommen mir Frauen entgegen und ich wechsle, sobald wir uns passieren, die Richtung und gehe eine Weile rückwärts neben ihnen her. Es ist dann, als würden wir im selben Zugabteil sitzen und wir unterhalten uns über unsere Kinder.

An guten Tagen gehe ich wie der Doryphoros des Polyklet, jeder Körperteil kontrapunktiert einen anderen, die einen stützen, die anderen schwingen, mein Gehen ist dann ein rhythmisches Zusammenspiel aller Muskeln und Glieder, eigentlich müsste man »Tanzen« dazu sagen. Einem so Gehenden würde man keine Schulmappe über die Schulter hängen oder ein Baguette unter den Arm klemmen. Der Doryphoros ist nackt und trägt, wie der Name schon sagt, einen Speer. Man stelle sich vor, er wäre mit einer Jeanshose oder Turnschuhen bekleidet! Genauso ist es aber auch mit mir, jedes Kleidungsstück kann mich nur entstellen. Nach dem Anziehen komme ich mir manchmal vor wie eine griechische Skulptur, deren klassischer Körper von frechen Schülern im Rahmen eines Streichs um des komischen Effekts willen mit zeitgenössischen Lumpen behängt worden ist. Es ist leicht, sich über Größe lustig zu machen, denn wahre Größe ist immer naiv. Aber auch die letzten Spötter werden verstummen, wenn sie mich erst nackt und mit einem Speer in der Hand durch die Straßen gehen sehen und wenn jeder, dem ich so begegne, stehen bleibt, weil er angesichts dieses Schauspiels seine eigenen Versuche zu gehen noch einmal überdenkt.

In der hessischen Stadt K. wird jährlich ein »Preis für komische Literatur« vergeben, begleitet von einem »Förderpreis für komische Literatur«, der etwas geringer dotiert ist, obwohl man ja eigentlich, wenn man noch gefördert werden muss, mehr Geld braucht, als wenn man schon weiß, wie es geht. Weil ich diesen Förderpreis zu meiner Freude zugesprochen bekomme, geht es für mich zum ersten Mal nach K.

Die Preisverleihung findet im Rathaus statt, wir treffen uns im Foyer, wo ein Künstler seinem Sperrmüll ein Denkmal gesetzt hat. Ob es auch einen »Förderpreis für komische Skulpturen« gibt? Leider erkenne ich den Hauptpreisträger nicht sofort und betrachte deshalb eine Weile den Falschen respektvoll. Dabei sind Schriftsteller ja eigentlich leicht zu erkennen an ihren noblen Gesichtszügen. Nach und nach treffen die vielen Jurymitglieder mit Begleitung ein, für deren Anreise und Unterbringung, wie ich schnell überschlage, mehr ausgegeben worden sein muss als für unser Preisgeld. Aber man darf nicht undankbar sein, auch wenn Adorno schreibt: »Die Spende ist mit Demütigung durch Einteilen, gerechtes Abwägen, kurz durch die Behandlung des Beschenkten als Objekt notwendig verbunden.«

Im Büro des Bürgermeisters werden wir einander vorgestellt, wobei sowohl der Bürgermeister uns mit den Jurymitgliedern als auch wir den Bürgermeister mit seinen Mitarbeitern verwechseln, es ist ein großes Tohuwabohu. Den richtigen Bürgermeister erkennt man dann aber zweifelsfrei an der goldenen Kette, die er um den Hals trägt. Er hat sein Glück in der Festzeltbranche gemacht, die Wahl zum OB hat ihn im Grunde auf dem falschen Fuß erwischt, eigentlich war die Stadt seit 40 Jahren fest in Händen der SPD, aber die Bürger hatten diesmal überraschend ihn bevorzugt, und da musste er ran.

Ein Fotograf vom »Stadtpöstchen« möchte uns für sein Blatt ablichten, schön wäre es, wenn wir dabei lächeln würden. Der Kritiker soll seinen Fuß auf die Stufe stellen und den Arm leicht anwinkeln, dann sieht es hinterher auf dem Foto besser aus, das sagt die Erfahrung. Der Humorist weigert sich strikt zu lächeln, das sei nun mal sein Stil. Ich nehme mir vor, in Zukunft auch konsequenter im Umgang mit den Medien zu sein. Wie oft habe ich auf Befehl gelächelt, und es sah immer hässlich aus.

Den Festakt im großen Saal eröffnet eine musikalische Uraufführung nach Texten des Preisträgers. Ein Tenor deklamiert feierlich und wird dabei von einem Perkussionisten begleitet. Der Tenor schwillt an, der Perkussionist lässt es scheppern, es ist ein ambitioniertes Projekt, das mir Angst macht, es könnte sich eines Tages ein Komponist auch für meine Texte interessieren und seine Phantasie daran entfachen. Womöglich mich zur Premiere einladen und hinterher nach meiner Meinung fragen. Schon mal eine Ausrede überlegen. Mich als unmusikalisch auszugeben, könnte helfen. Oder sagen, ich müsse noch die Videos zurückbringen.

Dann bin ich an der Reihe, der OB verliest eine Urkunde. Die letzten Zweifel, dass man mich hier nur verulken wollte, werden ausgeräumt. Anschließend soll ich einen kurzen Text vortragen, um den Verdacht zu zerstreuen, man könnte hier den Falschen fördern. Ich hatte nächtelang gegrübelt, wie ich meine Dankesrede gestalten sollte und mir schließlich vorgenommen, zu sagen: »Ich möchte diese Gelegenheit für einen Appell an die Regierungen der Welt nutzen, diesem Wahnsinn ein Ende zu machen. Es müssen Wege gefunden werden, alle Menschen an einen Tisch zu bringen. Die Geschichte darf sich nicht wiederholen.« Aber dann lese ich doch lieber einen Text zum Schmunzeln, denn genau wie im Osten will man auch im Westen nicht aus dem Rahmen fallen. Thomas Brasch hat sich ja einmal für den Bayerischen Filmpreis mit den Worten bedankt: »Wir haben uns nichts zu sagen.« Das kann ich nicht, auch wenn ich es manchmal denke, aber ich misstraue meinen Gedanken und außerdem wäre es unhöflich.

Nach mir trägt sich der Preisträger ins Goldene Buch der Stadt ein und nimmt sich dafür fünf Minuten Zeit, in denen OB und Referentin ihm hilflos über die Schulter schauen, aber sie können da jetzt nicht weg. Sicher das Maximum an Provokation, das sich ein bundesdeutscher Autor leisten kann im Wissen, von seinen Geldgebern abzuhängen wie ein Rennpferd vom Jockey, ein Stück Ware zu sein im Verwertungszusammenhang. Gut, dass ich aus der DDR komme, wo ich zwar unterdrückt bin, aber als Künstler vom Staat gefürchtet wie ein wilder Panther.

Das Büffet, zu dem dann anschließend alle streben, stellt sich als eigentlicher Höhepunkt des Festakts heraus, damit erklärt sich vielleicht auch, dass er so gut besucht war. Es ist im Flur des Rathauses aufgebaut, wo zur Zeit eine kontroverse Fotoausstellung läuft: »Alltag jüdischer Kinder im Ghetto«.

Ich esse ein paar Happen und spreche mit vielen netten Menschen, während ich wie an fast jedem Tag meines Lebens in Gedanken durch Erinnerungen aus der Zeit vor dem Mauerfall streife und anschließend auch noch durch Erinnerungen aus der Zeit nach dem Mauerfall. Wenn man doch alles noch einmal erleben und genauer hinsehen könnte. Ich konnte doch damals nicht wissen, dass mich die DDR einmal interessieren würde.

Eine Frau reißt mich aus meinen Gedanken und flüstert mir ins Ohr, ob das nicht ein Skandal sei, die Bilder der verhungernden jüdischen Waisen und davor das üppige Buffet. Ich überlege, ob sie recht hat. Ein Skandal ist doch, dass die Kinder verhungert sind und dass man in Deutschland wieder isst ohne solche

Bilder im Hintergrund. Überhaupt noch zu essen, ist ein Skandal. Aber ich bin mir nicht sicher. Ich bin keine moralische Instanz wie Heinrich Böll, ich brauche immer Bedenkzeit, am Ende irrt man sich und muss alles wieder zurücknehmen.

Als Nächstes kommen zwei 14-jährige Mädchen mit Autogrammwünschen auf mich zu. Wer sie wohl zu so etwas angestiftet hat? Der Deutschlehrer? Und worauf haben sie es abgesehen? Sexuelle Initiation? Bin ich dafür denn der Richtige? Und dann gleich zwei? Beide sind in K. geboren, erfahre ich, und tragen doch T-Shirts mit der Aufschrift »DDR«, denn sie sind modisch auf dem neuesten Stand. Wir haben ja damals nichts gelten lassen an unserem Land, alles wurde mit dem Prädikat »scheiß Osten« bedacht. Inzwischen habe ich umgedacht und würde den ganzen Faßbinder tauschen für ein paar DEFA-Filme, zum Beispiel von Konrad Wolf. Ich sollte mich also freuen, wenn auch im Westen umgedacht wird, muss aber stattdessen immer daran denken, was für ein aufreibender Kampf es in meiner Schulzeit gewesen ist, um das Tragen des FDJ-Hemds herumzukommen. Und den aus ihren westlichen Provinzen nach Berlin gezogenen Jugendlichen, die ich auf der Straße mit NVA-Trainingsjacken sehe, wünsche ich manchmal insgeheim anderthalb Jahre militärischen Frühsport in dieser Kleidung und noch dazu mit den unbequemen Pappturnschuhen, die wir dabei tragen mussten.

Und doch bin ich auch jedesmal ein bisschen gerührt und frage mich, wie es sein kann, dass mich der Schriftzug »DDR« und sogar die Farbe des FDJ-Hemds wehmütig stimmen? Bin ich besser als mein Großonkel, dem es bei Familientreffen nicht erlaubt ist, seine Lagerfeuerlieder aus der HJ-Zeit zu zupfen? Wo wir doch auch aus Spaß die »Internationale« singen? Einmal habe ich diesen Zwiespalt einem Journalisten von der »Berliner Morgenpost« zu erklären versucht. Das Dilemma, immer stärker mit einer Vergangenheit zu verwachsen, die man radikal abgelehnt hat. Wobei Ablehnung schon zu viel gesagt ist, wir haben die DDR nicht einmal mehr abgelehnt, wir haben sie zu ignorieren versucht.

Mein Gespräch mit dem Journalisten hatte drei Stunden gedauert, in seinem Artikel kürzte er die Sache ab, indem er mich einen »Ex-FDJ-Pimpf« nannte, was meinem Respekt vor der bundesdeutschen Zeitungslandschaft nicht zuträglich war.

Nach dem Buffet wird noch einmal richtig gegessen, der ganze »Raum Arnstadt« ist reserviert, allerdings nicht in Thüringen, sondern nur im Ratskeller, wo die Sitznischen nach den Partnerstädten von K. benannt sind. Dass meine Mutter nach der Flucht aus Ostpreußen in Arnstadt aufgewachsen ist, fällt mir ein. Was das für ein Zufall sei: Sie geflüchtet, und ich jetzt hier, sozusagen zu Hause. Aber niemand fängt die Bemerkung auf, denn jetzt sind die anderen an der Reihe mit Reden. Links von mir nimmt ein berühmter Kettenraucher Platz, der ein begnadeter Vortragender sein soll. Auch heute gibt er Anekdoten zum Besten, und niemand wagt ihn zu unterbrechen, weil seine CDs sich so gut verkaufen. Aber meine Versuche, etwas zu erwidern, sind so sinnlos wie ein Gespräch mit einer seiner CDs. Ich bin hier nur als Publikum gefragt. Einer Anekdote folgt die nächste. Er kann alle Dialekte und hat alle Menschen, die man sich denken kann, getroffen. Meistens auf dem Klo oder in betrunkenem Zustand, was sich besonders gut erzählt.

Der Autor zur Rechten, erfahre ich, war schon in der Zeit vor meiner Geburt befreundet mit Heiner Müller. Der hätte seine »jugoslawische Freundin« nur mit Toblerone ins Bett bekommen, die er ihm aus Westberlin besorgen musste. War das nicht eine bulgarische Freundin, denke ich, und ob das mit der Toblerone stimmt? Das kann man doch nicht machen, Frauen bestechen, damit sie sich einem hingeben. Und reicht dafür Schokolade?

»Wenn Stalin nicht so ein Weichei gewesen wäre in Jalta,

wäre Griechenland kommunistisch geworden«, erfahre ich von links. Wäre das denn wünschenswert gewesen? Und jetzt auch noch die DDR loben: wunderbare Kneipen, abenteuerlicher Grenzverkehr, das mit der Stasi völlig übertrieben. Aber im Westen seien viele so verbohrt in dieser Frage, der ostdeutsche Autor X. sei zum Beispiel längst fällig, in K. für seinen Humor gefördert zu werden, aber manchen in der Jury sei er zu linientreu gewesen und außerdem ein Feind des großen Dissidenten Y. Papperlapapp, der Y. sei doch eine Nervensäge und der X. ein großer Humorist, Stasi hin oder her.

Mir fällt die Geschichte von dem Wissenschaftler ein, der sich in der DDR immer standhaft geweigert hatte, in die Partei einzutreten und schließlich vor Ärger über die Einmischung der Leitung in seine Arbeit an Krebs erkrankt ist. Bei einer Tagung im Westen flüsterte ihm ein Kollege jovial zu: »Ich weiß doch, wie es Ihnen drüben geht, an Ihrer Stelle wäre ich auch in der Stasi.« Auch darüber muss ich in Ruhe nachdenken. Zeit bleibt mir nicht, weil ein Kritiker aus München fragt, ob der Berliner Kultursenator von der PDS denn die Berliner Mauer wieder aufbauen wolle. Aber, wie der heutige Abend beweist, ist die doch nie abgebaut worden, sage ich nicht.

Endlich fällt mir etwas ein, was zu allen bisherigen Themen passt, lehrreich und unterhaltsam ist: Das Klopapier in Bulgarien, dass man das nicht ins Klo werfen durfte, sondern in einen Papierkorb daneben. Eigenartig.

Aber links von mir wird nachgelegt: In Griechenland käme das Klopapier aus der Dusche gequollen, weil die Deutschen nicht kapieren, dass es nicht ins Klo gehört. Die Griechen selbst würden es trocknen und zum Grillen benutzen.

Das kann ich nicht überbieten, auch nicht, wenn ich erzähle, dass meine einzige Freundin aus dem Westen, zu der ich es bisher gebracht habe, sich immer über mein weiches Klopapier mokiert hat, das habe sie bei uns Ossis schon öfter beobachtet, dass wir immer so weiches Klopapier kauften, sehr umweltschädlich. Tatsächlich habe ich an mir diesen eigenartigen Reflex bemerkt, die Umwelt bewusst zu schädigen, soll doch alles noch schneller zugrunde gehen. Oder, wie Heiner Müller sagte: »Wenn ich morgens Müsli esse, will ich mich eine Stunde später erschießen. Da trinke ich lieber Benzin zum Frühstück.«

Stagnierende Wirtschaft, Zeitungspleiten, Theaterschließungen, alles sehr bedauerlich für die Beteiligten, aber ganz abstrakt betrachtet weckt es auch Schadenfreude. Außerdem war mein Grundvertrauen in den Westen immer unerschütterlich. Ich schiebe das auf die lange Liebesbeziehung, die ich in der Zeit vor dem Mauerfall mit der BRD unterhalten habe. Als mein russischer Kollege K. und ich einmal ein Stipendium nicht ausgezahlt bekamen, weil der Berliner Senat eine Haushaltssperre verhängt hatte, war er überzeugt davon, dass wir das Geld nie sehen würden. Natürlich bekamen wir es mit etwas Verspätung überwiesen. Als Russe denkt er wahrscheinlich so: Diesem Land geht es so gut, das kann nicht mit rechten Dingen zugehen. Morgen bricht alles zusammen. Vielleicht hat er recht, aber ich glaube nicht.

Nach Mitternacht geht es zurück ins Hotel, in der kleinen Lobby werden Stühle gerückt, denn die Nacht ist noch lang, man wird trinken. Ich habe aber Angst vor Alkohol, ich will nicht enden wie der Autor, von dem mir erzählt wurde, er habe bei einer Lesung so gelallt, dass man seine fein ziselierten Texte nicht mehr verstand. Am Ende musste der Buchhändler den Text selbst zu Ende lesen, der Autor war eingenickt. Lieber nicht trinken, denke ich. Und vielleicht auch gar nicht erst ziselieren? Ich entschlüpfe jedenfalls heimlich, Ratlosigkeit hinterlassend. Das gab es noch nie, ein Autor, der sich nicht betrinkt und der 14-Jährige abweist, und dann gleich zwei. Ob der überhaupt Humor hat?

Im Zimmer starre ich auf die weiße Tapete mit Fischgrat. Leider ist der Schreibtisch so gebaut, dass man entweder schräg zur Kante sitzt oder schräg zur Wand. Dadurch stellt sich das Gefühl ein, hier nur geduldet zu sein. Ich schalte alle Sender durch. Im Osten gab es das Gerücht, im Westfernsehen würden nachts, lange nach Sendeschluss, heimlich Pornostreifen gezeigt. Manche stellten sich den Wecker, um einmal mit dabei zu sein. Das waren noch Zeiten, als es im Fernsehprogramm noch weiße Flecken gab. Ich bleibe auf Phoenix hängen, wo eine andere Preisverleihung von heute gezeigt wird. Der israelische Autor Amos Oz darf weit ausholen und Außenminister Fischer muss zuhören. Das wäre vielleicht noch ein Ziel im Leben, es so weit zu bringen.

Am Morgen irre ich durch K., diese westdeutschen Einkaufspassagen, immer ein Schlag ins Gesicht. Man fühlt sich jedes Mal wie auf dem Mond. Es ist mir unerklärlich, aber wenn ich mich in Osteuropa bewege, fühle ich mich an Orten zu Hause, die ich nie gesehen habe und die dem Mond viel eher ähneln. In einem Moskauer Plattenbauvorort, am Abend, wenn die Sonne untergeht, ein Bier aus einem wackligen Kiosk in der einen Hand, in der anderen unangenehm riechende Piroggen, und der Henkel der Plastetüte wird gleich reißen. Zweifellos ist das Leben dort mühsamer, aber dafür fühlt man sich jederzeit lebendig. Die Bundesrepublik ist als Maschine zur Erfahrungsvermeidung konstruiert. Erfahrungen finden nur noch als Katastrophe statt. Aber jeder weiß: Erst, wenn im Urlaub alles schiefgegangen ist, hat man etwas zu erzählen.

Ich ziehe mich in den Schlosspark zurück, wo mich die schönen Braun- und Rottöne der Bäume beruhigen. So ein Schlosspark, denke ich, das wäre ein Ort zum Schreiben. Sofort alles räumen lassen und mich hier ansiedeln? Ob es dem Land das wert wäre? Man weiß ja nie, vielleicht gehe ich andernfalls nach Amerika, eine Schande für das deutsche Geistesleben, aber durchaus vermeidbar.

Das Programm eines Dokumentarfilmfestivals lockt mich, ich schaffe es gerade noch rechtzeitig zum Film von zwei jungen Münchnerinnen, die nach Bulgarien gereist sind, ein Land, über das sie bisher nicht mehr wussten als aus dem Film »Le parapluie bulgaire« zu erfahren war, wo osteuropäische Agenten vergiftete Regenschirmspitzen als Mordwaffe einsetzen. Sie haben in Bulgarien nach Spuren der dortigen Computerindustrie gesucht, von der heute nichts mehr übrig ist. In den 80er Jahren wurde in Pravetz, der Geburtstadt von Staatschef Schiwkow, der Apple II »100% kompatibel« nachgebaut und in der kurzen Zeit von '87 bis '89 eine 100.000-Stück-Produktion aufgezogen, Exporte bis nach Indien. Seit 1992 werden hier nur noch Plasteeimer hergestellt.

Interessanterweise stammte auch einer der ersten Computerviren, der 1988 weltweit in Umlauf kam, aus Bulgarien. Er hieß »Dark Avenger« und enthielt die Aufforderung: »Copy me, I want to travel«. Der damals führende bulgarische Anti-Viren-Programmierer, der jetzt in Island bei einer Computerfirma arbeitet, hält sich bedeckt, wer der legendäre Hacker gewesen sei, vielleicht ja er selbst? Den Regisseurinnen gefällt die Vorstellung einer in Osteuropa behausten, destruktiven, ausgesperrten Intelligenz, die sich aufs geniale Kopieren verlegt. Sie sehen darin das Bild des Grafen Dracula wiederkehren, der sich von fremdem Blut ernährt. Es sei doch in unseren Zeiten ein geradezu anarchistisches Motiv, Arbeit zu vernichten, und der Osten könnte hier die Avantgarde gewesen sein.

Die Idee ist gut, aber die bulgarische Programmiererin, die sie dazu befragen, kann mit dem Gedanken, dass Destruktion eine Form von Arbeit sei, nichts anfangen. Ganz Bulgarien sei doch destruktiv, der Strom falle dauernd aus, wozu da noch mehr

Chaos? Auch dass sie die Programmiererin in sarkastischer Weise mit einer Flasche Rakija auf ihre 80-Stunden-Woche anstoßen lassen wollen, kommt bei ihr nicht an, sie würde ja längst 100 Stunden schuften.

Im Grunde scheitern die Münchnerinnen genau an dem Problem, das sich mir in Bulgarien immer stellte: Die Aspekte, die mich an dem Land am meisten interessierten, das Improvisierte, die verwitterten Monumente sozialistischer Vergangenheit in einer archaischen Landschaft, die gemeinsame Erfahrung eines Lebens in der sowjetischen Machtsphäre, das Überleben als Parasit des Kapitalismus, waren den Bulgaren selbst peinlich, mir wurde das Positive präsentiert, das neue Multiplex-Kino in Sofia zum Beispiel, das aussieht wie jedes beliebige Multiplexkino in der westlichen Welt.

Ich überlege wieder, ob man nicht endlich ein Projekt starten sollte, den osteuropäischen Raum in seiner Gesamtheit zu dokumentieren. Das offizielle Vokabular in den verschiedenen Sprachen, die Architektur, die Denkmäler, die vielgestaltigen Plattenbauviertel, die Auswüchse der Propaganda, das sozialistische Zeichensystem. Was für ein reicher Kosmos, für dessen Erschließung derjenige prädestiniert ist, der hier gelebt hat, weil er ein Gefühl hat für die Feinheiten. Ein Erfahrungsvorsprung, den sie uns im Westen nie verzeihen werden. Vielleicht wird das meine Lebensaufgabe, wirtschaftlich eine Katastrophe, denn im Osten gibt es keinen Markt für so etwas und im Westen schwindet das Interesse. Viele haben ja immer noch nicht verstanden, dass es die BRD ohne die DDR nie gegeben hätte.

Sollte ich die anwesende Filmemacherin ansprechen? Wie selten trifft man jemanden, der sich für Bulgarien interessiert. Aber ich traue mich nicht, ich habe es im Osten nicht gelernt, mich selbst darzustellen. Je interessanter ich etwas finde, umso wirrer drücke ich mich aus. Zu wie vielen Gesprächen kommt es nicht, weil die Menschen, die sich etwas zu sagen hätten, sich zu sehr respektieren, um sich zu belästigen?

Am Nachmittag am Bahnhof, auf dem Nebengleis, steht ein langer Sonderzug, in dem Kölner eng zusammengepfercht Karneval feiern. Arme recken sich aus dem Fenster, nicht um Wasser bettelnd, sondern zum Mitmachen einladend. Fröhliche Lieder sind zu hören: »Wir lieben das Leben, die Liebe und die Lust, und wir haben immer Durst!« Befremdet wendet man sich ab, wenn der Pöbel sich so gehenlässt. Es ist erbärmlich, in welchem geistigen Zustand sich diese Nation heute befindet nach Jahrhunderten von Aufklärung, Schulpflicht, humanistischem Gymnasium. Alle Versuche, sie eine Stufe hinaufzuziehen, ob Rohrstock oder Eurhythmie, sind gescheitert. Das ist auch so ein Skandal. Nie wieder etwas Komisches schreiben, nehme ich mir vor, nie wieder.

Zu Weihnachten muss Dirk von Lowtzow immer nach Offenburg zu seinen Eltern fahren, die wenig von ihm wissen, seit er von zu Hause ausgezogen ist. Sie haben zwar versucht, seine Platten zu hören, um zu verstehen, was die Pubertät aus ihrem Sohn gemacht hat, aber keinen Gefallen daran gefunden. Beim Essen herrscht peinliche Stille, bis Dirks Mutter mit einer Frage das Eis bricht: »Sag mal, Dirk, musizierst du eigentlich noch?«

»Mutti! Was denkst du denn? Ich hab dir sogar meine letzte Platte mitgebracht. Sie ist im Juli erschienen und heißt *Kapitulation*.«

»Fein, die kann ich ja dann der Oma schenken, wenn wir sie morgen besuchen. Oder meinst du, das ist nichts für die?«

»Ich weiß nicht, Mutti. «

»Kannst du deinen Freunden nicht mal sagen, sie sollen nicht immer solchen Krach machen mit ihren Instrumenten? Man hört deine Stimme manchmal gar nicht richtig. Ihr müsst doch auch ein bisschen an die Leute denken, die sich das anhören sollen.«

Dirk von Lowtzow ist immer nervös, wenn er seine Eltern zu Weihnachten besucht. Er denkt an seine Bandmitglieder, die gerade Ähnliches erleben. Wenn seine Eltern wenigstens Nazis wären, dann fiele es ihm leichter, sich von ihnen zu distanzieren. Aber es würde sie wahrscheinlich nicht mal stören, wenn er schwul wäre. Im Gegenteil, seine Mutter würde ihn nur noch mehr lieben.

Jetzt stellt ihm seine Mutter eine Frage, die ihr schon lange auf der Seele brennt: »Dirk, warum lasst ihr eigentlich nur Jungs in eurer Band mitspielen? Oder findet ihr keine Mädchen, die Lust haben? Soll ich die Heike mal fragen, das ist die Tochter von meiner Fußpflegerin, die singt im Kirchenchor.«

»Mutti, wir sind schon vollzählig. Mehr als vier geht nicht.«

»Aber die Heike würde sich richtig freuen, bei euch mitzumachen. Die muss doch mal ein bisschen aus sich rauskommen. Vielleicht gefällt die dir ja auch, an sich ist das ein richtig nettes Mädchen.«

»Mutti, ich hab doch eine Freundin.«

»Davon weiß ich ja gar nichts. Wo kommt die denn her?«

»Aus Rostock.«

»Und die gefällt dir besser als unsere Heike?«

»Ich kenn eure Heike doch gar nicht.«

»Na, dann trefft euch eben mal! Du kannst sie ja zu uns einladen, das macht mir gar nichts aus. Und Papa auch nicht, nicht wahr Papa?«

»Was? Ich hab nicht hingehört.«

»Siehst du, Papa freut sich genauso...«

»Mutti, aber ich wohn doch in Berlin, was soll ich denn mit einer Freundin in Offenburg.«

»Siehst du, das ist das andere, was ich mit dir besprechen wollte. Hast du dich jetzt nicht lange genug herumgetrieben? So langsam müsstest du doch mal sesshaft werden. Der Papa kann dir sofort eine Stelle in seiner Firma besorgen, du kannst jederzeit bei ihm einsteigen, nicht Papa?«

»Was? Ich hab nicht hingehört.«

»Siehst du, der Papa macht das für dich. Enttäusch ihn nicht. Soll ich die Heike gleich mal anrufen?«

»Mutti, ich bin doch gar nicht in die verliebt!«

»Ach was, verliebt ... Wenn du dich in eine aus dem Osten verliebst, kannst du dich auch in die Heike verlieben. Oder willst du das arme Ding kränken? Die hat es schon schwer genug mit ihrer Brille und dem spastischen Arm. Und jetzt kommst auch noch du! Ihr müsst mal lernen, nicht immer nur an euch zu denken, sondern auch an eure Mitmenschen, schließlich sollen die eure Platten kaufen. Bei der letzten waren wieder so viele unanständige Wörter mit drauf, die kann ich meinen Freundinnen gar nicht schenken. Sagt denn dein Chef da gar nichts?«

Nach dem Essen zieht sich Dirk von Lowtzow immer in sein altes Kinderzimmer zurück. Er nimmt die Gitarre von der Wand, auf der er spielen gelernt hat, und schreibt einen neuen Song: *Unsere Eltern haben keine Sensibilität / Für einen Lebensstil, der diese Republik schon seit so vielen Jahren überaus erfolgreich unumkehrbar prägt / Der Rock'n'Roll hat ihre Seelen nie erreicht / Sie fragen sich, wer ihre Schulden später vielleicht doch noch mal voraussichtlich sehr widerwillig aber letztlich möglichst vollständig begleicht.*

Kaum, dass ich sie eingeladen habe, beginnt schon das Warten auf meine Gäste, die natürlich zu spät kommen. Dabei habe ich Angst vor ihnen, am meisten fürchte ich meinen ersten Gast, der mit seinen ungeschickten Bewegungen alles durcheinanderbringen wird, die Speisen am Buffet betastet, die Salzkristalle von den Salzstangen nagt und gelangweilt die Hackfleischfüllung aus den Tomaten pult. Alle Flaschen dreht er mit dem Etikett nach hinten, sodass man nicht mehr ohne Weiteres sein Getränk erkennt. Ich darf meine Gäste nicht aus den Augen lassen, aber ich muss zur Tür, weil in immer schnellerem Rhythmus neue Gäste eintreffen, die ich als Gastgeber persönlich begrüßen muss, während die bereits anwesenden Gäste meine Unaufmerksamkeit nutzen, um durch die Wohnung zu toben und auf den Boden zu spucken. Machtlos sehe ich durch die geöffnete Flurtür, wie sie, berauscht von der eigenen Bosheit, ausgelassen in die Hände klatschen. Dabei scheinen mich die meisten von ihnen gar nicht zu erkennen und selbst für einen Gast zu halten. Sie saugen an den Flaschen, und für mich bleibt nur das Gurkenwasser. Und für meine künstlerische Darbietung, mit der ich den Abend bereichern wollte, bringt niemand Interesse auf. Man schubst mich durch die Wohnung, bis ich mich von der Balkonbrüstung hänge, um etwas auszuruhen, während man mir auf die Finger ascht. Neben mir hängt meine Nachbarin, die immer so rührende Geräusche macht beim Masturbieren, denn als Frau verfügt sie über eine natürlich Anmut, die sie auch hier nicht im Stich lässt. Noch nie haben wir ein Wort gewechselt, weil wir uns immer vollbeladen mit Einkaufsbeuteln oder Mülltüten begegnen und von der Anstrengung des Treppesteigens außer Atem sind. Jetzt, wo sie neben mir hängt, scheint der Moment gekommen, einmal über seinen Schatten zu springen. Ich gebe ihr die Hand, was das Risiko zu fallen erhöht. Ich erfahre von meiner Nachbarin, dass ihre Gäste ihr ähnliche Probleme bereiten wie meine, weswegen sie hier hängt. Sie steckt sich eine Zigarette in den Mund, und ich entzünde mit überraschendem Geschick einhändig ein Streichholz, während ich darüber nachdenke, ob es »der« oder »das« Streichholz heißt. Wir beschließen, uns in Zukunft mehr Zeit füreinander zu nehmen. Es ist ein großes Glück, Nachbarn zu haben, mit denen über die wesentlichen Fragen des Lebens Einigkeit herrscht, die einen nicht mit ihren Sorgen belasten, sondern ein aufmunterndes Wort finden, wenn man einmal den Kopf hängen lässt. Es wäre dumm, so ein gutnachbarschaftliches Verhältnis aufs Spiel zu setzen, indem man zum Beispiel im Wohnzimmer einen Durchbruch macht. Wo einmal zwei Wohnungen waren, wäre dann nur noch eine. Was dafür spräche, wären natürlich die größeren Verpackungseinheiten, die gegenüber den üblichen Verpackungen einen unbestreitbaren Preisvorteil bieten. Mit dem gesparten Geld könnte man sich seine Träume erfüllen, zum Beispiel eine Taucherausrüstung kaufen oder geschmeidige Schuhe, mit denen es sich schmerzfrei spaziert. Der Bewegungsradius würde sich erhöhen, und man würde aus entlegeneren Gebieten exotischere Lebensmittel nach Hause bringen, wodurch für Abwechslung auf dem Speiseplan gesorgt wäre. Das alles geht mir durch den Kopf, während ich meine Hand mit dem brennenden Streichholz dem Gesicht meiner neben mir hängenden Nachbarin nähere, um die aus ihrem Mund ragende Zigarette an ihrer Spitze anzuzünden, wie ich es bei Rauchern so oft beobachtet habe. Meine Gäste haben inzwischen aufgegessen, stehen rülpsend auf dem Balkon und machen abfällige Bemerkungen über die Gegend, in der ich lebe. Es ist immer aufschlussreich, Gäste zu haben, denn erst als Gast zeigt der Mensch sein wahres Gesicht. Den wenigsten Gästen gelingt es, einen für sie befriedigenden Abend zu verbringen, ohne eine Unordnung zu hinterlassen, die sich nie wieder ganz beseitigen lässt, oder Sätze zu sagen, über die man im Bett lange nachdenken muss, während der Gast sich schon auf dem Heimweg befindet, sich den Mund abwischt und triumphierend die Hände reibt, weil seine Rechnung wieder einmal aufgegangen ist.

Wenn ich krank bin und das Elend nicht zu ertragen scheine, stelle ich mir immer vor, wie schlimm es erst wäre, in Stalingrad in einem Erdloch zu kauern, während Schneestürme über mich hinwegfegen, mein eigener Gestank nimmt mir den Atem, fünf Zehen sind abgefault, nur noch ein steinhart gefrorenes Stück Butter trage ich in einen öligen Fußlappen gewickelt bei mir, wenn ich es essen könnte, würde ich die Ruhr kriegen. Meine Waffe brauche ich nicht zum Schutz gegen die Rotarmisten, sondern um mich meiner Kameraden zu erwehren, die zu Kannibalen geworden sind. Dagegen geht es mir geradezu noch gut. Ich liege im Warmen und höre das leise Rauschen eines vorbeifahrenden Autos, nicht das Heulen der Katjuschas. Trotzdem hätte ich nicht krank werden dürfen, wie hatte ich das meiner Mutter antun können? Aber wir waren dazu erzogen worden, uns bei erster Gelegenheit freiwillig krank zu melden. Schon als Kind hatte ich mit meinen Freunden immer krank gespielt. Als dann in diesem Frühjahr einer nach dem anderen krank wurde, hatte ich mich nicht drücken wollen. Jetzt liege ich seit Tagen allein in meiner Unterkunft und die Vorräte gehen zur Neige. Ein Arzt hat sich hier schon lange nicht mehr blicken lassen. Ärzte, diese Krankheitsgewinnler! Nachts höre ich manchmal Stimmen, und ich weiß nicht, ob sie schon gekommen sind, meine Leiche abzuholen. Ich muss mir ein letztes Restchen Kraft aufsparen, um leise stöhnen zu können, wenn sie mich für tot halten sollten. Ich liege auf der Seite und starre an die Wände, vor Stunden habe ich die Wasserflasche umgekippt und seitdem ringe ich mit mir, sie wieder aufzuheben. Meine Haut brennt, mein Rücken schmerzt, die Decke lastet auf meinen Beinen wie Schichten von Erde. Ich kann meinen Körper nur bewundern, welchen Strapazen er standhält, ein Werk deutscher Ingenieurskunst. Irgendwo in der Ferne klingelt ein Telefon, aber es ist niemand da, den Hörer abzunehmen, der Funker ist längst desertiert. Vielleicht Nachricht von meiner Verlobten und unserem Kind, das ich nie gesehen habe. Was hat es davon, dass man ihm eines Tages sagen wird, sein Vater sei als Krankheitsheld gestorben? Gestern habe ich mich zur Apotheke im Parterre durchgeschlagen, es war unverantwortlich, meine Unterkunft zu verlassen, wenn ich sie nicht wiederfände, wäre ich verloren. Vielen war das in den Krankheitswirren passiert. Auf der Treppe kamen mir Krankenflüchtlinge entgegen. Vergeblich hofften sie, einen Weg aus dem Kessel zu finden. In der Apotheke hatten sie nur noch das Nötigste, Schmerztabletten, Verbandszeug und Hustenbonbons. Ich lachte bitter, mit Hustenbonbons sollten wir die Krankheit besiegen? Wenn der Führer davon erfährt, werden Köpfe rollen! Die Apotheke war voller alter Leute. Das ist das Ende, dachte ich mir, jetzt werden schon Greise in die Krankheit geschickt. Ich sah sie mir an, wie sie dort vor mir standen, diese Gerippe würden es nie bis zum Frühjahr schaffen. Diese ganze Krankheit war doch ein Wahnsinn! Die Sanitäterin gab mir meine Ration Hustenbonbons, sie hatte viele wie mich gesehen und aufgehört, über unser Schicksal nachzudenken, es hätte sie zerrissen. Die Krankheit war unberechenbar, Kerle wie Bäume raffte sie dahin, während einer wie ich, der dazu bestimmt zu sein schien, als Erster draufzugehen, immer noch lebte. Aber wie lange noch? Das Fieber hatte seit Tagen nicht nachgelassen. Die Uniform klebte mir an der Haut, mein Kopf platzte. Wieder klingelte ein Telefon. Waren das alles schon Halluzinationen? Bildete ich es mir ein oder schien mein Körper zu schweben? Plötzlich wurde mir ganz leicht ums Herz. Das Geräusch der Straße klang immer ferner. Ich sah einen von eisigen Böen umtosten Hügel mitten

in der Steppe. Hyänen durchwühlten den Boden nach Leichen-
resten. Tempotaschentücher flatterten im Wind. Ratten spielten
in einem Berg leerer Arzneifläschchen. Und auf dem Hügel sah
ich ein Grab, und ich wusste sofort, dass dieses Grab nur mir gehören konnte, das Grab des unbekannten Kranken.

I

Einerseits will man im Prinzip alles wissen, andererseits ist es ein Zeichen von beginnendem Wahnsinn, nicht mehr zwischen wichtig und unwichtig unterscheiden zu können. Deshalb freue ich mich immer, wenn mir doch einmal eine Information unterkommt, die mir völlig überflüssig erscheint, und ich sammle sie gewissenhaft:

- Wird in einer Festung die Flagge verkehrt herum gehisst, ist das das internationale Zeichen für »Hilfe«.
- Bei Frauen hat der Intimbereich einen anderen PH-Wert als die Haut. Bei Frauen im gebärfähigen Alter liegt er zwischen 3,5 und 5,0.
- Flamingos sind rosa, weil sie sich von roten Krabben ernähren.
- Beim österreichischen Militär heißt es statt »Vorwärts, marsch!« – »Gemma, Buam!«
- Der TGV kann 519 km/h fahren und braucht bei dieser Geschwindigkeit einen Bremsweg von 30 km.
- Beim Absprung mit dem Fallschirm muss man sein Gewehr quer halten, sonst zerschlägt man sich bei der Landung den Kiefer.
- 20 bis 30 % der Schweizer Kinder leiden im Vorschulalter an Durchschlafstörungen.
- Dobermänner können im Regen auch auf Sicht jagen.
- Astronauten, Geologen und Testpiloten bekommen häufiger Mädchen, weil diese schon im Uterus ahnen, dass der Vater viel unterwegs sein wird, und weil Mädchen bei der Mutter gut aufgehoben sind und keine starke Hand brauchen.
- Peanuts sind ein Gemüse.

Also, das war so: Ich hatte eine Weiterbildung zum Obstbauern gemacht und erwartete nun mit Ungeduld und Vorfreude meine erste Ernte. Ich besaß vor allem Apfelbäume, aber nebenbei kultivierte ich auch ein paar Peanuts. Als ich nun gerade meine Obstplantage abschritt, sah ich eine Wolke von Fallschirmspringern am Himmel. Es war beängstigend, als würde ein Krähenschwarm das Sonnenlicht verdunkeln. Nun hatte ich einmal irgendwo aufgeschnappt, dass Peanuts Gemüse sind, und so konnte ich mir denken, dass die Fallschirmspringer von der Gewerbeaufsicht geschickt worden waren, weil ich ja nur Obstbauer war. Mich ihnen entgegenzustellen, kam nicht in Frage, und für eine Flucht war es zu spät, sie waren schon in Sichtweite, ich konnte ihre Gesichter erkennen, es waren noch halbe Kinder. Ich sah mich schon mit einer Kugel im Bauch, da fiel mir auf, dass sie alle ihre Gewehre senkrecht hielten. Ich hatte aber einmal irgendwo aufgeschnappt, dass man sein Gewehr quer halten muss, will man sich beim Absprung mit dem Fallschirm nicht das Kinn zertrümmern. Ich schrie aus Leibeskräften: »Die Gewehre! Quer! Um Himmels Willen quer!« Ich sah, wie die jungen Soldaten erbleichten und ihre Gewehre im letzten Moment herumrissen, sie kamen mit dem Schrecken davon und landeten unbeschadet. Die Jungs waren mir natürlich dankbar und dachten nicht daran, mich für meine Peanuts hinzurichten. Sie sagten, wenn ich irgendwann einmal im Leben etwas brauchen sollte, dann solle ich nach ihnen rufen und sie wären zur Stelle.

Wenig später überfiel die österreichische Armee Deutschland. Der Angriff kam so plötzlich, dass er mich beim Äpfelpflücken überraschte. Ich eilte nach Hause, fand aber niemanden mehr vor. Die Österreicher hatten meine Frau entführt. In der Nacht schlich ich mich an ihr Lager heran und überwand die Absperrungen. Ich suchte fieberhaft nach meiner Frau, aber was ich sah, spottete jeder Beschreibung. Um es mir unmöglich zu machen, meine Frau zu befreien, hatten sie die Österreicher mit Hunderten völlig mit ihr identischer Puppen in eine Zelle gesperrt. Aber ich hatte einmal irgendwo aufgeschnappt, dass bei Frauen der Intimbereich einen anderen PH-Wert hat als die Haut. Ich nahm also einen Streifen Lackmuspapier aus meinem Vorrat und machte den Test. Tatsächlich, die Puppen hatten alle den gleichen PH-Wert im Intimbereich und auf der Haut. Nur bei einer lag der Wert zwischen 3,5 und 5,0, das musste meine Frau sein. Ich kann gar nicht beschreiben, wie glücklich ich war, sie wieder in meine Arme zu schließen. Aber still, von draußen hörte ich Geräusche. Schüsse, Pferdegetrappel, eine Einheit Soldaten ... Was war hier los? Wurde das Lager gestürmt? Waren es Freunde? Oder Feinde? Ich hatte ja einmal irgendwo aufgeschnappt, dass die Österreicher statt »Vorwärts, marsch!« »Gemma, Buam!« riefen. Ich rief also: »Gemma, Buam!« und die Soldaten rannten los. Es waren Österreicher! Sie waren fort! Aber sie würden wiederkommen! Wir wären nirgendwo auf der Welt vor ihnen sicher, denn Österreicher lassen sich nicht abschütteln. Wir flohen über den ganzen Globus, aber sie spürten uns überall auf. Immer wieder konnten wir uns nur dadurch retten, dass wir rote Krabben aßen und uns rosa färbten, dass das bei Flamingos funktionierte, hatte ich einmal irgendwo aufgeschnappt. Schließlich standen wir aber doch mit dem Rücken zur Wand, von fern hörten wir schon das Bellen der Dobermänner. Es hatte keinen Sinn, auf schlechtes Wetter zu hoffen, denn ich hatte ja einmal irgendwo aufgeschnappt, dass Dobermänner im Regen auch auf Sicht jagen können. Aus unseren Rucksäcken errichtete ich eine Festung und hisste eine Fahne verkehrt herum, das, hatte ich einmal irgendwo aufgeschnappt, war das internationale Zeichen für Hilfe. Ich rief nach den Fallschirmspringern, die mir noch einen Dienst schuldeten. Sie holten uns in ihr Flugzeug und warfen uns über Europa ab. Aber wo waren wir? Niemand sagte uns, dass wir nicht in Österreich gelandet waren. Wen hätten wir fragen sollen? Wir durften uns ja nicht verraten. Zum Glück hatte ich einmal irgendwo aufgeschnappt, dass in der Schweiz 20 bis 30% aller Kinder im Vorschulalter an Durchschlafstörungen leiden. Ich machte also heimlich eine Untersuchung unter den Kindern unseres Aufenthaltsorts, die im Vorschulalter waren, und tatsächlich, 20 bis 30% von ihnen litten unter Durchschlafstörungen! Wir waren in der Schweiz, auf neutralem Boden! Endlich konnten wir wieder frei atmen! Vor Freude über unsere Rettung erfüllte ich mir einen lange gehegten Wunsch, ich kaufte mir einen eigenen TGV. Aber jetzt standen wir vor einem neuen Problem, denn wie lang sollte unsere Garageneinfahrt sein? Nun hatte ich einmal irgendwo aufgeschnappt, dass der TGV bei 519 km/h einen Bremsweg von 30 km hatte, und so besorgten wir uns ein Haus, dessen Garageneinfahrt 30 km lang war.

Wir lebten glücklich in der Schweiz und unternahmen lange Ausflüge in unserem TGV. Dennoch bedrückte mich eine Sorge, denn eine Wahrsagerin hatte mir einmal prophezeit, dass ich von der Hand meines eigenen Sohnes sterben würde. Nun hatte ich aber einmal irgendwo aufgeschnappt, dass Astronauten, Geologen und Testpiloten häufiger Mädchen bekommen, weil die schon im Uterus ahnen, dass der Vater viel unterwegs sein wird, und sie bei der Mutter gut aufgehoben sind und keine starke Hand brauchen. Ich hatte also keine Wahl, ich musste Astronaut, Geologe oder Testpilot werden. Mineralien langweilten mich zu Tode und im Flugzeug wurde mir immer schlecht, also wurde ich Astronaut. Es ist ein Beruf, mit dem ich leben kann, auch wenn ich oft jahrelang nicht zu Hause bin.

In der Zeitung war von zwei Vliesstoffexperten des Weinheimer Unternehmens Freudenberg zu lesen, die es als ihre Lebensaufgabe betrachten, der von ihnen konzipierten Spinnvliesanlage besonders feine Endlosfäden zu entlocken. Der Kampf dieser Weinheimer Männer, mit Wasserstrahlen das Filamentgewirr aufzusplitten, um einen immer dünneren Faden für geschmeidige Vliesstoffe zu ziehen, ist nicht weniger eindrucksvoll als Siegfrieds Versuch, im Wald sein Schwert Nothung schärfer als jedes andere Schwert zu schmieden. Die Zeit der Mythen ist nicht vorbei, sie finden lediglich nicht mehr ihren Erzähler. Als Autor bin ich leider mit einer natürlichen Verachtung für alles Wirtschaftliche aufgewachsen, weil die Sphäre des Seelischen immer als textwürdiger galt. Ich hatte Produkte immer als naturgegeben empfunden, ihre Einführung war lange vor meiner Geburt erfolgt und an der grundsätzlichen Ordnung in den Regalen schien sich im Lauf meines Lebens nicht viel zu ändern. Dabei steckt hinter jedem Produkt eine Geschichte, interessant wie der Gründungsmythos einer Nation und für Millionen von Kunden so folgenreich wie das Stiften einer Religion. Schon die irritierende Doppelung identischer Produkte im Westen hatte etwas von Held und Antiheld: Uhu und Pritt, Smarties und m & m's, Tempo und Softies. Ein Blick auf die Gesetzmäßigkeiten des Erfolgs zeigte mir, dass es ohne die Krise viel von dem, was uns das Leben erleichtert, nicht geben würde.

1. Ein Produkt, das niemand will,
ist nichts als der erste Schritt zum Erfolg

Die William Wrigley Jr. Company wurde am 1. April 1891 gegründet und verkaufte ursprünglich Seife, der Backpulver beigelegt wurde, das sich großer Beliebtheit erfreute. Als man das Backpulver mit Kaugummistreifen auszuliefern begann, waren diese schnell populärer als Seife und Backpulver zusammen, woraufhin man bemerkenswert unsentimental die Produktion des Unternehmens auf Kaugummi umstellte. Hätte sich die Seife besser verkauft, wäre das Bedürfnis der Kunden nach Kaugummi nie bekannt geworden. Diese chamäleonartige Qualität von Unternehmen hat etwas Märchenhaftes. Nokia würde vielleicht nicht mehr existieren, wenn man daran festgehalten hätte, wie nach der Gründung im Jahr 1865, Papier und Gummistiefel zu produzieren. Offenbar hatten irgendwann alle Finnen ein Paar von diesen strapazierfähigen Schuhen, und man entwickelte Autotelefone. Hätte es in Finnland ein leistungsfähiges Telefonnetz gegeben, wären Handys dort sicher nicht so erfolgreich gewesen, man kennt das aus Osteuropa, wo sie sich schneller durchgesetzt haben als bei uns. Eine schlecht entwickelte Infrastruktur regt zu radikaleren Innovationen an. Wer weiß, was für Fortbewegungsmittel in Deutschland schon erfunden worden wären, wenn es bei uns nicht so einfach wäre, mit dem Auto von A nach B zu gelangen.

2. Produkte müssen Probleme schaffen,
an deren Lösung man verdient

Wenn man mit Kaugummis Blasen macht, verkleben sie einem das Gesicht, ein Problem, das vor der Erfindung des Kaugummis noch weitgehend unbekannt war. Die Lösung lieferte Wrigley's einfach selbst, indem man 1979 unter dem Slogan »*Big bubbles, no troubles!*« Hubba Bubba einführte, einen weniger klebrigen Kaugummi. Gerüchte rissen nie ab, dass für Hubba Bubba Walfischspeck verwendet wurde, wie ihn die Inuits zur Zerstreuung kauen. Am Ende läuft es eben doch immer wieder auf die Weisheit der Ureinwohner hinaus.

3. Ohne Rohstoffmangel bewegt sich nichts

Die Ölkrise Anfang der 70er führte dazu, dass die Firma Geobra, die eigentlich Großkunststoffartikel produzierte, nach einem Produkt suchte, für das man weniger Material brauchte. 1974 wurde Playmobil auf den Markt gebracht und auf der internationalen Spielwarenmesse vorgestellt, die interessanterweise seit den 50er Jahren in Nürnberg stattfindet, ein gelungener Imagewechsel für eine Stadt. Wie in der Bibel wurde zunächst der Mann geschaffen. Die ersten Playmobil-Themen hießen »Baustelle«, »Wilder Westen« und »Ritterzeit«. Wobei der Prototyp Leichenbestatter als nicht kindgerecht empfunden wurde, ebenso die mittelalterliche Folterkammer. Chinesische Plagiate mit beweglicheren Gliedern verschwanden schnell wieder vom Markt, die Kinder liebten ihre ungelenken Playmobilfiguren, die sie der Ölkrise verdankten.

4. Das Produkt muss Spielraum für Verbesserungen bieten, die in möglichst kleinen Schritten erfolgen sollten

1929 wurde von der Hannoveraner Firma Pelikan ein Füllhalter präsentiert, dessen Markenzeichen das teiltransparente Tintenfenster war. Man musste sein Schreibgerät nicht mehr aufschrauben, um zu sehen, ob es noch Tinte enthielt. So ähnlich würde der teiltransparente Kühlschrank funktionieren, auf den wir allerdings noch warten. 30 Jahre später entwickelte man den Schülerfüller Pelikano. Ein Spezialistenteam aus Pädagogen und Technikern hatte festgestellt, dass auch bei aufgesteckter Kappe der Schwerpunkt möglichst weit vorne liegen muss, damit der Füller nicht aus der Hand herauskippt. (Und wieder schuf man Probleme, an deren Lösung man in Gestalt des Tintenkillers mitverdiente, der 1972 auf den Markt kam.) Es dauerte bis 1973, dass man eine geriffelte Mulde als Griffprofil für den Zeigefinger einführte. Weitere elf Jahre vergingen bei der Entwicklung einer Mulde für den Mittelfinger und ein weiteres Jahr dauerte die Einführung einer Rutschbremse für den Daumen. Verbesserungen müssen in möglichst kleinen Schritten vorgenommen werden, so wie man auch beim Stabhochsprung den Weltrekord immer nur um einen Zentimeter verbessert. Noch klüger wäre es, seine Weltrekorde millimeterweise aufzustellen, wie es offenbar bei Nassrasierern geschieht, deren Funktionsweise, glaubt man der Werbung, seit Menschengedenken Jahr für Jahr revolutioniert wird. Gemessen an diesen kontinuierlichen Innovationen muss sich die Nassrasur rückwirkend betrachtet noch vor wenigen Jahren wie Kartoffelschälen angefühlt haben. Es ist im Übrigen absolut ausgeschlossen vorauszusehen, was einem Produkt zum Durchbruch verhelfen wird, aber denkt man an den Krieg, liegt man meistens richtig. Gillette-Klingen setzten sich im Ersten Weltkrieg durch, weil die Gasmasken nur bei einer einwandfreien Rasur dicht schlossen. Auch Ohropax und der Reißverschluss verdanken ihre Durchsetzung dieser europäischen Katastrophe.

5. Ideen liegen in der Luft, es hat gar keinen Sinn, sich unnötig anzustrengen

1989 gab es bei Pelikano mit dem Tintensichtfenster am Schaft, welches endlich auch die Sicht auf die Reservepatrone freigab, eine letzte größere technische Veränderung. Man muss seine Phantasie nicht allzusehr bemühen, um einen Zusammenhang zwischen der Einführung des Tintensichtfensters und dem Fall der Mauer zu erkennen. Die Zeichen standen einfach auf Transparenz.

6. Die Politik muss die Rahmenbedingungen verschlechtern

Seit 1989 stagniert der Pelikano. Kreativität braucht Zwänge, erst das starre Reimkonzept nötigt den Dichtern Höchstleistungen ab. Die Firma Lesney, die von Leslie und Rodney Smith 1947 in London gegründet wurde, betätigte sich als Zulieferer von Zinkguss-Bauteilen für die Maschinenbau-Industrie. Eine Besonderheit im britischen Steuerrecht – die Lagerbestände eines Unternehmens am 1. Januar eines Jahres wurden als Bemessungsgrundlage für die zu zahlende Unternehmenssteuer herangezogen –, führte dazu, dass Zulieferbetriebe wie Lesney in den letzten Monaten eines Jahres praktisch keine Aufträge mehr bekamen. Um die Maschinen auszulasten, konzentrierte man sich angesichts des bevorstehenden Weihnachtsgeschäftes auf die Herstellung von Spielzeug. Da es in England zudem nicht erlaubt war, Spielsachen in die Schule mitzunehmen, die größer als eine Streichholzschachtel waren, baute man Matchbox-Autos, ein Erfolg willkürlicher staatlicher Auflagen. Als John Stith Pemberton um 1880 aus Wein, Colanüssen und Damiana (einem Extrakt aus Coca-Blättern), einen Sirup gegen Müdigkeit und Depressionen mixte, war das populärste Getränk der Neuzeit noch nicht erfunden. Erst die Prohibition zwang ihn, den Wein wegzulassen.

7. The good times are killing me

Der Juniorchef von Königsee Implantate Thüringen sagte in der Zeitung: »Der letzte Winter war zu mild, zu wenig Unfälle. Die Unfallchirurgen hatten zu wenig zu operieren und der Umsatz beim Verkauf von Knochenschrauben, Nägeln und Platten brach ein.« Gutes Wetter kann Folgen für die Wirtschaft haben, die es mit den Folgen von schlechtem Wetter aufnehmen können. Die Vollbeschäftigung wiederum wäre eine Gefahr für die Unterhaltungsindustrie, die auf ein Heer von Arbeitslosen angewiesen ist. Das sagte sich auch Charles Darrow, als er 1930 einen Zeitvertreib für die vielen Arbeitslosen der Weltwirtschaftskrise suchte und das Monopoly-Spiel entwickelte.

8. Neuerungen müssen alle Erfahrungswerte missachten

In der ersten deutschen Monopoly-Ausgabe, die in den 30er Jahren auf den Markt kam, waren Straßen aus dem Berliner Nobelviertel Schwanenwerder, in dem Joseph Goebbels wohnte, am teuersten. Er ließ das Spiel 1936 offiziell wegen seines »jüdisch-spekulativen« Charakters verbieten, jedoch ging es ihm wohl mehr um die Insel Schwanenwerder als teuerste Immobilie. In der westdeutschen Monopoly-Version von 1953 verwendete man unverfängliche Straßennamen wie »Schlossallee« oder »Badstraße«. Interessant wäre eine Liste der weltweit teuersten und preiswertesten Monopoly-Immobilien und der Einfluss solch einer Liste auf den dortigen Immobilienmarkt. Nach einem Testspiel lehnten die Parker-Manager es übrigens ab, Monopoly in ihr Sortiment aufzunehmen. Das Spiel dauerte extrem lange, die Regeln waren kompliziert und vor allem fehlte ein Zielpunkt, weil die Mitspieler fortwährend im Kreis laufen müssen. Wenn man Schulden erlaubt, ist eine Partie Monopoly eigentlich erst mit dem Tod aller Teilnehmer beendet. Dilettantischer hätte man die bisherigen Erfahrungen der Spieleindustrie nicht umsetzen können. Der Erfolg war somit garantiert.

9. Der Drogenhandel macht es vor

Süßwarenhersteller verfügen in den Kindern über eine unersättliche Käuferschicht, die nicht erst in die Abhängigkeit getrieben werden muss. Kindern kann man alles verkaufen, was ungesund ist, zur Not streut man einfach Smarties drauf. Könnte man die Eltern aus dem Weg räumen, stände dem Geschäft nichts im Weg. Die Firma Haribo geht sogar noch weiter, sie verkauft den Minderjährigen ihren Stoff und verdient zusätzlich an der Beschaffungskriminalität. Einmal im Jahr dürfen sich nämlich Kinder in der Bonner Zentrale Kastanien und Eicheln in Gummibärchen aufwiegen lassen, mit denen die Tiere im Wildgehege der Firmeninhaber gefüttert werden. Die Kinder verderben sich die Zähne und die Kapitalisten laben sich an saftigem Wildbret.

Endlich hatte ich meinen neuen Roman fertig, und weil ich mich so damit beeilt hatte, blieben mir bis zu meinem nächsten Termin noch zehn Minuten Zeit. Zehn schwer verdiente Minuten, die ich zur freien Gestaltung hatte, für ein Arbeitstier wie mich ein unschätzbarer Luxus. Wie die leeren Seiten am Ende vom Kalender, mit Platz für eigene Notizen, eine der wenigen Gelegenheiten, die einem das Leben bietet, sich auszutoben.

Sollte ich etwas lesen? Aber für die meisten Bücher waren zehn Minuten zu kurz. Es gab kaum Romane für hart arbeitende Menschen und fast keinen, für den man nur zehn Minuten brauchte. Also ein Buch, das ich schon kannte? Wenn ich schon wusste, was passierte, brauchte ich das Buch beim Lesen ja nur durchzublättern, ich konnte mir sogar Zeit lassen damit und doch nach zehn Minuten fertig sein. Aber welches von den Büchern, die ich schon kannte, sollte ich durchblättern? Viel Zeit blieb mir nicht für die Entscheidung, sonst würde die Zeit nicht mehr zum Durchblättern reichen. Und wenn ich die zehn Minuten nutzte, mir eines rauszusuchen und es dann gleich wieder ins Regal zu stellen? Das wäre so etwas wie eine Tautologie, nur auf der Ebene der Handlungen. Man tut etwas, ohne dass sich dadurch etwas verändert in der Welt. Als würde mein Körper nach einem langen Leben einfach wieder zu Staub zerfallen, völlig sinnlos. Aber lebte ich nicht sowieso ziemlich tautologisch? Ich bemühte mich zum Beispiel immer, in Hotelzimmern keine Spuren zu hinterlassen. Außerdem waren es gar nicht mehr zehn Minuten, sondern, weil ich so lange gebummelt hatte, schon nur noch neun.

Neun Minuten reichen, damit eine Tasse Kaffee abkühlt. Die

Chinesen hatten früher sogar eine Maßeinheit, die die Strecke bezeichnete, die ein Mann zurücklegen konnte, bevor sein Tee kühl genug war, um ihn zu trinken. Man konnte natürlich auch neun Minuten lang auf dem Kopf stehen, aber das wäre langweilig gewesen, weil ich das auch viel länger schaffte.

Da waren es schon nur noch acht Minuten, und die reichten nicht für eine Tasse Kaffee. Ich musste etwas finden, das nur acht Minuten dauerte, möglichst genau acht Minuten, damit es nicht wie bei Kassetten war, wenn am Ende eine halbe Minute Band unbespielt blieb. Was habe ich mich immer bemüht, ein Lied zu finden, das genau passte! Es musste ja außerdem noch zufällig im Radio gespielt werden ... Und wie glücklich war man, wenn auch der letzte Zentimeter Band genutzt worden war! Fähigkeiten, für deren Erlernen man seine Jugend geopfert hat, und die heute von der Gesellschaft nicht mehr eingefordert werden.

Sieben Minuten, wie die Zeit vergeht. Ich konnte versuchen, schnell Mittagsschlaf zu machen. Zwei Minuten zum Einschlafen, dann hätte ich noch fünf Minuten Schlaf, was genau ausreichte. Aber ich hatte heute schon Mittagsschlaf gemacht, das war also voreilig gewesen. In sieben Minuten konnte ich zur Kaufhalle rennen, einen leeren Korb an der Kasse vorbeischieben und wieder zurückrennen. Ich konnte auch 35 Mal vom höchsten Gebäude der Welt springen. Oder einen Saunagang machen. Aber was nützt ein einzelner Saunagang?

Und für drei waren sechs Minuten zu wenig. Die reichten gerade mal, den Computer hochzufahren. Aber war das wirklich, worauf ich jetzt Lust hatte? Außerdem machte der Computer das von alleine, ich konnte also in der Zeit, in der er hochfuhr, auch noch etwas Zweites tun, womit ich wieder vor dem gleichen Problem stände. Sechs Minuten, die für immer verloren sein würden, wenn mir nicht bald etwas einfiele. Diese Verantwortung machte mich noch verrückt. Hätte ich doch mit meinem Roman sechs Minuten später angefangen, dann müsste ich mir jetzt nicht den Kopf zerbrechen. Kein Wunder, dass ich so viel arbeitete, wenn ich nicht einmal wusste, was ich mit sechs freien Minuten anfangen sollte! Zum Leben zu wenig, zum Sterben zu viel. Ja, macht nur, Minuten, dachte ich, verschwindet! Ich werde euch keine Träne nachweinen! Da, schon wieder eine weg. Zeit, du treulose Tomate!

Fünf Minuten hatte ich nun schon nachgedacht, was ich machen könnte und fünf Minuten blieben für das zu Machende: Bergfest. Würde der Rest noch für einen Spaziergang reichen? Es hatte doch niemand festgelegt, wie lang ein Spaziergang dauern musste, um sich von einem einfachen Die-Füße-Vertreten zu unterscheiden. Aber fünf Minuten waren sicher zu wenig, da bekam man ja im Gefängnis mehr Zeit für den Hofgang! Für eine Zigarettenpause wären fünf Minuten natürlich ideal bemessen, aber ich rauchte ja gar nicht. Ich konnte mir ein Frühstücksei kochen. Aber am Abend? Außerdem, wie sähe das aus? »Den Abschluss seines Opus magnum feierte der Autor mit einem Frühstücksei.«

Vier Minuten, das machte mich alles depressiv. Ich war wie gelähmt. Einerseits rannte die Zeit, andererseits schien sie mich mit ihrer Anwesenheit quälen zu wollen. Ich starrte auf die Uhr, wann würde dieser Wahnsinn ein Ende haben?

Drei Minuten, der ideale Zeitraum, um sich vorschriftsmäßig die Zähne zu putzen und auch noch vorschriftsgemäß zu spülen. Das konnte ich tatsächlich tun. Aber vielleicht fiel mir noch etwas Besseres ein, Zähne putzte ich ja sowieso jeden Tag. Ich konnte doch mal was ganz Ausgefallenes machen, zwar hatte ich nur drei Minuten, aber mit ein bisschen Phantasie war das eine halbe Ewigkeit. Drei Minuten reichten, um eine Methode zu entdecken, Volumen beliebiger Körper mit Wasser zu messen, dazu benötigte man nur eine Badewanne. Oder man startete 18 Mal hintereinander mit einer Rakete zum Mond.

Zwei Minuten. So lange konnten manche die Luft anhalten. Ich konnte das nur eine Minute. Das hatte ich früher in der Schule immer geübt. Deshalb hatte ich auf die Fragen der Lehrer oft nicht antworten können, weil ich mich mitten in einem Rekordversuch befand. Ich konnte ja zweimal hintereinander eine Minute die Luft anhalten. Aber das wäre doch langweilig, immer dasselbe zu machen, dafür war das Leben nun wirklich zu kurz.

Eine Minute reichte allerdings genau aus, um einmal die Luft anzuhalten. Pfff ... ich hatte ganz schön abgebaut. Da blieben mir ja immer noch zehn Sekunden, reichlich Zeit für einen Weltrekord im 100-Meter-Sprint der Frauen. Aber für Männer keine wirkliche Herausforderung. Außerdem war mein Sportzeug in der Wäsche. Wenn ich mich beeilte, konnte ich aber noch ein Vaterunser beten. Aber wenn ich es nicht bis zum Ende schaffte, wie würde das ankommen?

Immerhin noch sechs Nanosekunden. Wenn ich ein Element wäre, sagen wir das 2006 entdeckte Ununpentium, würde diese Zeit reichen, um mich von einem Teilchenphysiker fotografieren zu lassen und wieder zu zerfallen. Und wenn ich das Universum wäre, dann könnte ich in den 10^{-43} Sekunden, die mir jetzt noch bis zu meinem nächsten Termin blieben, einmal entstehen. So lange dauerte die Planck-Ära, und Aussagen über noch kürzere Zeiträume waren laut Relativitätstheorie sinnlos.

Null Sekunden, Gott sei Dank! Das war genauso viel wie null Jahre, klang aber viel weniger. Lange nicht mehr solchen Stress gehabt. Ich hoffe, ich habe nie wieder Zeit im Leben.

IDEALE WOHNUNGEN

»Eigentlich kann man heute gar nicht mehr wohnen.« Theodor W. Adorno

In dieser Wohnung hätte ich zwar viel Sonne, müsste allerdings auch mit häufigem Besuch leben. Schön ist, dass der Fahrstuhl auf dem Weg nach oben nirgends hält. Ich hätte wahrscheinlich einen sehr guten Fernsehempfang. Dafür würde mir von der Drehbewegung meiner Wohnung schlecht werden, wenn ich betrunken nach Hause komme.

Hier würde man sich den Weg nach unten sparen, weil man sich alles Nötige hochziehen kann. Und zu Silvester könnte einem niemand Knaller auf den Balkon werfen. Man würde vielleicht mit der Zeit ein wenig vereinsamen. Aber ab einem bestimmten Alter wünscht man sich sowieso mehr Ruhe. Viele ziehen dann aufs Land. Diese Wohnung wäre eine Alternative dazu, man wäre weg von den Menschen und könnte doch die Vorzüge des urbanen Lebens genießen.

Wer sich noch jung fühlt, kann auch dorthin ziehen, wo die Szene sich trifft. Leider kann man sich in Szenewohnungen oft nicht hinlegen. Aber schlafen kann man ja auch, wenn man tot ist.

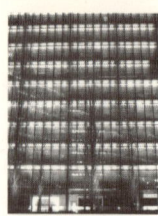

Bei dieser Wohnung wäre ich
die meiste Zeit mit Fensterputzen beschäftigt.
Und wenn ich einmal aus dem Haus will,
müsste ich eine Stunde einplanen,
um in allen Zimmern
das Licht auszuschalten.

Das würde hier entfallen, weil es gar
kein Licht gibt. Allerdings müsste ich
mich alle drei Minuten an die Wand pressen,
weil eine U-Bahn durch meine Wohnung fährt.
Am meisten reizen mich ehrlich gesagt
die drei Fernseher.

Ich könnte
natürlich
auch
ins Grüne
ziehen.

Eine Wohnung
mit guter Akustik.
Dann müsste ich
nicht immer
ins Badezimmer
zum Singen.

Diese
Wohnung
ist nur
möbliert
zu bekommen.

In dieser
Wohnung
kommt man
beim Wischen
schwer
in die Ecken.

Für eine runde Wohnung gibt es wiederum kaum
passende Möbel. Sollte man umziehen, könnte
man die alten, nach Maß angefertigten, nicht mehr
verwenden. Man müsste neue kaufen, was
die Haushaltskasse belasten und zu familiären
Spannungen führen würde.

Um an diese Wohnung
zu kommen, muss man
viele Zeitungen
abonnieren. Dafür hat
sie Satellitenanschluss.

Eigentlich habe ich es ja satt,
ständig meine Möbel in neue
Wohnungen zu schleppen.
Warum nicht gleich in einen
Umzugswagen ziehen?

Oder seinen Besitz
auf ein Minimum reduzieren.
Hauptsache, man hat
ein Dach über dem Kopf
und einen eigenen Herd.

In dieser Wohnung kann man
nur zu zweit wohnen. Denn
einer muss sich immer an die Wand
stellen, wenn der andere
zum Fenster geht, sonst kippt die
Wohnung vom Dach.

Hier würden
Gäste leicht den
Weg zur Tür
finden und es gäbe
kein Gedrängel.

In dieser Wohnung würde
ich ständig von meinen
Nachbarn angerempelt.
Dafür könnten sie mir meine
Klaviere stimmen.

Seit es Handys gibt,
sieht man viele Wohnungen
mit Telefonanschluss
leer stehen, die früher sehr
begehrt gewesen wären.

Wenn man befürchtet, zum Eigenbrötler zu werden,
weil man schon zu lange alleine lebt, sollte man
in diese Wohnung ziehen, hier hat man immer jemanden, der einem vom gegenüberliegenden Bahnsteig in die Wohnung guckt. Das verhindert, dass
man sich zu sehr gehenlässt.

So viele Zimmer sind
natürlich ein Luxus.
Um von einem zum anderen
zu gelangen, müsste man
allerdings die Wohnung
verlassen und an ihr drehen.

Überall im Land stand meine Schule, es gab seit den 70ern nur noch diesen Bautyp, den man schon von Weitem an der Quaderform mit dem Eingangsportal und an den aus Papier ausgeschnittenen Friedenstauben in den Fenstern erkannte. Ein Gebäude besteht aber nicht nur aus seiner physischen Gestalt, sondern auch aus der persönlichen Beziehung, die man dazu hat, deshalb fühlte man sich bei Besuchen an anderen Schulen unseres Typs eigenartig fremd, obwohl es äußerlich kaum Unterschiede gab. Höchstens dass die an den Wänden ausgestellten Bleistift-Selbstporträts aus dem Zeichenunterricht »Ich und mein Hobby« andere Gesichter zeigten. (Aber auch bei ihnen hatte sich die Mehrheit der Jungs mit ihrem Kassettenrekorder gemalt.)

Wie zum Altar ging man in die Schule morgens nur zu zweit, worauf ein Lehrer am Eingang achtete, es sollte keine Unfälle geben. Wir trafen uns etwas abseits, schüttelten uns zur Begrüßung umständlich die Hände und besprachen das Fernsehprogramm vom Vorabend. (Einmal im Jahr lief in kurzem Abstand im West- und im Ostfernsehen »Die Feuerzangenbowle«. Wie anders das Gebäude dieser Schule aussah, eine richtige Burg, in der auch ein Kerker vorstellbar war. Und das Skelett im Bioraum war bei denen sicher kein Nachbau wie bei uns.) Es war Ehrensache, erst im letzten Moment reinzugehen, wenn die Schlange sich aufgelöst hatte, man wollte seine Rechte möglichst weit ausdehnen. Aber wenn ich nicht aufgepasst und mir jemanden zum Reingehen gesichert hatte, blieb ich übrig und musste mich trauen, mir unbekannte Nachzügler anzusprechen, ob wir »zusammen rein« wollten, am Direktor vorbei, der schon mit seiner Uhr am Eingang stand, um sich die Namen der Zuspätkommenden aufzuschreiben.

Die Schulen hießen »Dr. Agostinho Neto«, nach dem Präsidenten von Angola, oder »Prof. Suchomlinski«, nach dem sowjetischen Pädagogen (und lange hielt man »Prof« für seinen Vornamen). Die meisten Schulen hatten aber nur eine Nummer, unsere war »die Siemunzwanzichste«. Von der ockerfarbenen Verglasung der Fassade waren immer ein paar Scheiben zerschmissen, die Glaskrümel wurden auf dem Schulhof als Munition eingesetzt. Im Treppenhaus begrüßten einen alte Wandzeitungen, auf denen immer noch gefordert wurde: »Hände weg von Vietnam!« Oder es hieß trotzig, aber kaum zu deuten: »Vietnam – Jetzt erst recht!« (Jedenfalls war man froh, dass bei uns nicht Vietnam war.) Im Foyer hing immer ein Honecker-Bild, hellblauer Hintergrund und dieses Lächeln, nicht weniger unergründlich als das der Mona Lisa. Mit Knete wurde ihm ein Popel gebastelt. Das war nicht politisch gemeint, man hätte das auch mit Jesus gemacht. Was Strafe war, erfuhren wir erst später, als einmal die kleine Schwester einer Schülerin vom Direktor durch alle Klassen geführt wurde, weil sie in der Kaufhalle ein Eis am Stiel unterm Kleid ihrer Puppe versteckt hatte. Klauen war für einen Jungpionier eine schlimme Sünde. Die größte Sünde war allerdings das Hakenkreuz, das einer aus Langeweile auf eine Bank gemalt hatte, was zu einem Besuch der Kriminalpolizei an unserer Schule führte.

Wir arbeiteten verbissen daran, unsere Schule mit den Jahren und in gemeinsamer Anstrengung in Staub zu verwandeln. Mit großer Geduld wurde überall am Gebäude gekratzt, geschabt, geschraubt, gerüttelt, gestochert, gepult, bis man einen Weg gefunden hatte, das Material zu besiegen. Bevor der Lehrer kam, wurde der knochentrockene Tafelschwamm im Waschbecken zu einem schleimig-nassen stinkenden Batzen eingeweicht, mit dem man sich Schlachten quer durch den Raum lieferte. Mancher versuchte, mit einem Wurf möglichst viele Lamellen der Neonröhrenhalterungen wegzurasieren, die nur im Physikraum noch vollständig waren, worauf der Physiklehrer sehr stolz war. (Was nichts daran änderte, dass im Winter, wenn es morgens noch dunkel war, immer eine der Neonröhren flackerte, die aber nicht einzeln an- und ausgeschaltet werden konnten, sondern nur reihenweise.) Aber meistens war es ja sonnig, vormittags in den Klassenräumen, die alle auf der Ostseite lagen, und nachmittags auf den Fluren auf der Westseite. Wenn etwas in den Neubaugebieten funktioniert hat, dann die Versorgung der Menschen mit Sonnenlicht. Man sollte nie vergessen, was für ein Fortschritt das für die meisten Familien war, die größtenteils aus den Hinterhöfen der Berliner Arbeiterviertel hergezogen waren.

Nicht im Schulgebäude rennen! Nicht die Geländer runterrutschen! Nicht kippeln! Keine Kaugummis kauen! Im Wald keine Rehkitze anfassen! Fundmunition sichern und Hilfe holen! Nicht auf Frühblüher treten! Keine Schlitterbahnen anlegen! Seid ihr bald fertig mit den Privatgesprächen? Das interessiert vielleicht auch die anderen! Ich mach gleich mit! Und jetzt noch einmal im ganzen Satz!

Mit dem Schlüssel wurden Linien in die schwarze Plastebeschichtung der Treppengeländer gefräst, an denen der Hausmeister als Rutschbremse Messingschrauben angebracht hatte. Die Schrauben an unseren Stühlen wurden mit Münzen gelöst, bis die Holzlehnen herabhingen. Am Anfang der Stunde wurden deshalb immer zwei Schüler mit den kaputten Stühlen zum Hausmeister geschickt, der in seinem Kellerraum voller kaputtem Mobiliar saß und über seine aussichtslose Mission fluchte. Er versuchte es mit Kreuzschlitzschrauben, aber man feilte sich im Werkunterricht einen passenden Schraubenzieher, wie man als richtiger Junge ja auch einen Vierkant am Schlüsselbund hatte für die kleinen Klappfenster, deren Griffe entfernt worden waren, wir sollten nur noch die »Oberlichter« öffnen können. Am 11.11., wenn alle ungeduldig darauf warteten, um 11:11 Uhr von der Tradition gedeckt verrückt spielen zu dürfen, hatte eine zehnte Klasse ganze Bänke aus dem Fenster geschmissen. (Nichts nahm man Breshnew so übel, wie dass er ausgerechnet am 10.11. starb und die Belustigung in seinem Todesjahr ausfallen musste.)

Jede Klasse hatte die Patenschaft über einen Raum, in dem sie regelmäßig mit Ata die Schulbänke aus mit Sprelacart verkleidetem Pressholz von ihrer Beschriftung befreien musste. Die graublaue Gummikante konnte man geduldig mit dem Plastelineal zersägen, um die ganze Stunde lang das Band herauszuziehen und wieder reinzustecken. Mit der Klinge vom Bleistiftanspitzer wurde, einem inneren Zwang gehorchend, die graue Gummischicht von den Metallteilen des Tisches gekratzt. Unter den Schulbänken sollte man eigentlich seine Materialien verstauen, aber in diesem vor den Blicken der Lehrer geschützten Universum lagen immer halbvolle Milchtüten, alte Stullen, Mandarinenschalen und Reste vom Bleistiftanspitzen.

Wer im Unterricht mit einem Kaugummi erwischt wurde, musste vorkommen und ihn in den Papierkorb spucken. In der Pause musste er dann schwarze Kaugummiflecken vom Fußboden kratzen, wofür der Lehrer einen speziellen Schraubenzieher bereithielt. Der PVC-Belag hatte die gleiche Holzmaserung und das gleiche imitierte Parkettmuster wie in unserer Wohnung. Sogar bei der Armee fand ich diesen Fußboden im Klubraum wieder, ein bisschen war man dadurch überall im Land zuhause.

Es gab kein Markenbewusstsein, aber die Welt war zweigeteilt in Dinge »von hier« und »von drüben«. Niemand wollte mit einem Heiko-Füller schreiben, bei denen die Feder verbog, wenn man damit die Ostpatronen aufstechen wollte, eigentlich hatte irgendwann fast jeder einen Pelikano und einen Tintenkiller, dessen Spitze mit Essig präpariert wurde, wenn er alle war. So etwas Kostbares konnte man nicht wegschmeißen. Dennoch wurde man dazu erzogen, dass Leistung nicht vom besseren Material abhing, sondern von Fleiß und Talent. Der Sportlehrer erzählte, wie lässig sich die westdeutschen Staffelläufer vor dem Start immer in ihren Adidas-Hosen die Beine ausschüttelten (ein Raunen ging durch die Reihen, eigentlich nahmen die Lehrer Begriffe von drüben nie in den Mund, gemeinsam wurde die Illusion aufrechterhalten, dass wenigstens sie den Westen tatsächlich nur aus dem Ostfernsehen kannten.) Aber dann hatte die BRD wieder den Staffelstab fallengelassen, weil sie sich dort zu fein waren, die Übergabe zu trainieren! Im Kapitalismus war eben jeder nur ein Einzelkämpfer.

Der Schulhof, hinter dem die Panke floss, war durch einen Zaun vom Hof der Nachbarschule getrennt, der »Achtunzwanzichstn«, die genau wie unsere aussah, aber feindselig wirkte, weil dort »die anderen« lebten (vielleicht auch, weil im Keller unser gemeinsamer Schulzahnarzt praktizierte). Meine Schulbank, meine Bankreihe, meine Klasse, meine Klassenstufe, meine Schule, mein Wohngebiet, meine Stadt, mein Land, jeder befand sich im Zentrum eines ganzen Systems von sich überlagernden Sphären.

Die Garderobenschränke auf den Fluren, die wir als Versteck nutzten, weil es unser Anspruch war, die Ordnungsschüler zu überlisten, die in der Hofpause das Gebäude kontrollierten, wir sollten an die frische Luft. (Aber man hatte längst Schlüsselrohlinge aus dem »Heimwerker«, mit denen man den Klassenraum aufbekam.) Umgekehrt war es unser Ehrgeiz, nach dem Klingeln als Erster die Treppe hochzustürmen und im Treppenhaus einen Staudamm zu bilden, vier bis fünf von uns reichten schon, um alle anderen aufzuhalten, bis der Direktor sich mehrere Stockwerke hochgekämpft hatte und die Übeltäter am Kragen herauszog.

In den Fachräumen für Bio, Physik und Chemie waren die Bankreihen geschlossen, und der Lehrer konnte nur unsere Oberkörper sehen. Vor der Stunde entfernten wir die Plastekappe von einem Stuhlbein und arbeiteten uns beim Kippeln mit dem blanken Stahlrohr zentimetertief in den Beton vor. Der Blick wanderte zum Fenster, es war ein unbezwingbarer Drang, nach draußen zu gucken, zu den Silberpappeln, diesen wegen ihres schnellen Wachstums in allen Neubauvierteln vorherrschenden Bäumen. Ich konnte sogar die Fenster unseres Kinderzimmers sehen, im Neubaugebiet war per Gesetz keine Schule weiter als ein paar hundert Meter von der Wohnung entfernt. Manchmal war man so müde, dass der Kopf sich von selbst nach links zum Fenster drehte und man es gerade noch schaffte, wenigstens die Augen auf die grüne Tafel gerichtet zu lassen. Mit einem Strohhalmblasrohr die ganze Stunde der vor einem Sitzenden Papierkügelchen in den Wollpullover zu schießen, hielt einen wach. In der Pause wurde man lebendig und zerschnitt die Strohhalme aus dem Milcheimer in kleine Stücke, um sie mit einem Schnipsgummi durch den Raum zu schießen. Oder es wurden mit dem Fallbleistift Mandarinenschalen ausgestanzt und man hatte ein Druckluftgewehr. Den Kartenständer runterratschen lassen oder ihn als Greifarm benutzen und versuchen, den kleinen Olaf daran hochzuziehen.

Am Waschbecken im Physikraum hatte der Lehrer einen Spiegel angebracht, die älteren Schülerinnen betrachteten sich hier gierig und frästen dabei mit ihren hohen Absätzen einen Halbkreis in den Beton. Den Lehrer begeisterte dieses Beispiel für das Wirken großer Kräfte auf kleinen Flächen, auf jedem Absatz laste das Gewicht des Eiffelturms! Der »Polylux«, mit dem er seine wertvollen Plastefolien, die es so selten im Schreibwarenladen gab, an die Wand projizierte. Das Gerät hatte eine widerspenstige und sehr laute Lüftung, die noch Minuten, nachdem es ausgeschaltet worden war, immer wieder ansprang, weshalb die aus der ersten Reihe einen Bleistift durchs Lüftungsgitter schieben durften, um den Ventilator zum Schweigen zu bringen. Wie lustig es alle fanden, wenn der Lehrer sich der Klasse zuwandte und die Tafel in seinem Rücken immer wieder vom übereifrigen Seilzug nach oben gezogen wurde!

Am Ende des Tages bildete sich auf dem ersten Treppenabsatz vor dem verschließbaren Schaukasten eine Schülertraube, und dann stoben alle jubelnd auseinander, weil für morgen eine, zwei oder ganz selten sogar drei Stunden »Ausfall« angegeben waren. Nur die beiden, die in dieser Woche Ordnungsdienst hatten, mussten dableiben und, wenn man die letzte Klasse im Raum gewesen war, die Stühle hochstellen, ausfegen, die Tafel wischen und den Mülleimer runterbringen, an dessen Boden sich in den Jahren ein schwarzer, stinkender Satz von saurer Pausenmilch, vergammelten Bananenschalen und Apfelgriepschen gebildet hatte. Während die Mitschüler schon der Freiheit zustrebten, musste man den Weg zu den Mülltonnen zurücklegen und wieder zurück. Zuletzt ging der Hausmeister durch alle Räume, um das Licht zu kontrollieren. Strom zu verschwenden, das fühlte sich an, als lasse man das Land verbluten.

Auf dem Heimweg wurde die schweinslederne Schultasche immer zehn Meter nach vorne geschmissen. Im ersten Jahr trug man sie noch auf dem Rücken, dann an einem Riemen über der Schulter, dann in der Hand, und schließlich besorgten sich die einen schwarze Aktenkoffer, die anderen nahmen Westtüten, die sie, je nachdem wie ernst es einzelne Lehrer mit der DDR nahmen, zeitweise umkrempeln mussten. Beim Abitur kamen dann wieder karierte Kinderköfferchen auf, tschechische Ledertaschen aus dem Jägerbedarf, oder man schaffte es, sich eine antike Hebammentasche zu besorgen. Wo die Modeindustrie versagte, half man sich mit Waren aus der Berufsbekleidung.

Wenn ich an die Schule denke, höre ich immer die Stille von 24 Kindern, die sich in einem sonnigen Raum über ihre Hefte beugen. Manchmal verirrte sich eine Spore von einer Pusteblume in den Klassenraum, und alle verfolgten gespannt den Flug des tapferen kleinen Schirmchens, das es kurz vor der Landung immer wieder nach oben zog, bis der Lehrer jemanden dazu beorderte, den Besucher einzufangen, damit es weitergehen konnte mit dem »Stoff«. Wir waren gute Kinder und es war eine schöne Zeit.

Er ist einer der Letzten seines Fachs, einer aussterbenden Kunst, jahrelang war seine Arbeit nur einem kleinen Kreis von Eingeweihten bekannt, aber durch Zufall hat er es plötzlich zu ungeahnter Popularität gebracht. Eine Talent-Show im Fernsehen, eigentlich hatte er nur im Publikum gesessen, aber die Kamera hatte ihn immer wieder schweigend im Bild gezeigt. Es wirkte ganz natürlich, wie er schwieg, fast anstrengungslos, als schwiege er gar nicht, sondern als sage er nur nichts. Die Leitungen beim Sender liefen heiß, die Zuschauer wollten wissen, wer der geheimnisvolle Mann war. Die erste Talkshow folgte, zunächst noch als Gast, auch hier enttäuschte er nicht und schwieg eindrucksvoll. Die geladenen Experten stritten, was wohl in seinem Kopf vorging und was er sagen würde, wenn er einmal den Mund aufmachte, aber er schwieg zu ihren Theorien. Hatte er ein dunkles Geheimnis? Was konnte so schrecklich sein, dass man es sein Leben lang nicht über die Lippen brachte? In welcher Sprache schwieg er überhaupt? Die Sendung hatte traumhafte Quoten, und weil Quoten heute nun mal Gesetz sind, wurde ihm eine eigene Talkshow angeboten, die er auf seine unnachahmliche Art moderierte. Es waren aufregende Debatten, die mit einem weniger verschwiegenen Gastgeber undenkbar gewesen wären.

Auf ausgedehnten Tourneen durch ganz Deutschland stand er schweigend auf der Bühne. Es war atemberaubend, man würde es nicht glauben, wenn man es nicht gesehen hätte. Sein Schweigen machte süchtig. Kritiker fragten sich, was die Menschen so daran faszinierte, im Gunde passierte ja nicht viel. Aber allein der Wunsch, dabei gewesen zu sein, wenn er das erste Mal etwas sagen würde, trieb die Massen in die Säle. Viele seiner Fans reisten ihm schon seit Jahren hinterher, sie kannten nur eine Angst, den großen Moment, auf den dieses Künstlerleben hinauszulaufen schien, zu verpassen. Letzte Worte waren von vielen bedeutenden Männern übermittelt, aber erste Worte?

Seine Fans behaupten, es habe schon einmal fast danach ausgesehen, als würde er gleich etwas sagen, einmal, gegen Ende eines umjubelten Auftritts in Worms, sollen sich seine Lippen einen Spalt weit geöffnet haben, während sich über seine Augen ein Schleier legte. Das Publikum hielt den Atem an, aber als er unter Aufbietung aller Kräfte einmal mehr nichts sagte und sich seine Lippen am Ende dieser Tour de force zitternd schlossen, war der Saal außer Rand und Band. Damals soll er familiäre Probleme gehabt haben, für einen Schweiger ist es schwer, nach der Arbeit abzuschalten, das belastet sein Umfeld. Seiner Frau wurde eine Affäre nachgesagt, es hieß auch, er sei künstlerisch in einer Krise, weil er sich in seinen Augen zu oft wiederholte, aber das waren Spekulationen. Eine Unsitte der Kritik, immer in den Lebensumständen des Künstlers nach Antworten zu suchen, sein Schweigen war ganz sicher nicht autobiografisch. Es stand vielmehr in der Tradition der großen Schweiger in der Geschichte, von denen die meisten ihr Können nur mündlich weitergegeben haben. Er ging aber weiter als seine Vorgänger, seine Kunst übertraf menschliches Maß, in seinem Schweigen klang etwas vom Schweigen der Waffen am Ende des Zweiten Weltkriegs an. Eigentlich gab es nur noch einen, der vollkommener schwieg, und an dessen Meisterschaft er sich maß, und das war Gott.

Auch wenn sein Schweigen live am besten zur Wirkung kommt, geben die wenigen Tonaufnahmen doch einen Eindruck davon. Wir haben uns für eine frühe Aufnahme entschieden, aus dem Studio des WDR vom Jahr 1967. Viel Vergnügen.

Jerry Seinfeld: »Nenn mir fünf Bücher für eine einsame Insel.«
George Costanza: »Ich muss fünf Bücher lesen?«

I

Die ideale Gutenachtgeschichte müsste so beschaffen sein, dass man beim Lesen garantiert einschläft. Eigentlich müsste es eine Marktlücke sein, Geschichten zu schreiben, die so langweilig sind, dass sie als Schlafmittel funktionieren. Die einzige Gefahr wäre, dass man an einer Überdosis Buch stirbt.

Sehr einschläfernd sind in Geschichten immer russische Namen: Alexej Fjodorowitsch, Fjodor Pawlowitsch, Pjotr Alexandrowitsch, Agafja Iwanowna, Marja Ignatjewna, Grigori Wassiljewitsch Podbjedonossow. Am Ende einer Seite weiß ich meistens immer noch nicht, wer wer ist, oder habe es schon wieder vergessen. Zumal sie sich zu allem Überfluss auch immer noch mit Kosenamen anreden. Alleine aus Wladimir wird Wolodja, Walja, Waljka, Waljuscha, Wasja, Dima, Dimka, Dimenko und Didi. Einschläfernd sind auch Beschreibungen von Gesichtszügen und Kleidung: »*Er war hochgewachsen, mager und bartlos, sein gelber Teint erinnerte an die Farbe seines Anzugs, dessen grauer Wetterkragen an Tagen wie diesem stets hochgestellt war. Seine farblosen, rotbewimperten Augen thronten über einer Nase, über die auch der Wortgewandteste nichts sagen können wird.*« Bevor ich mir das alles vorgestellt habe, sind mir schon die Augen zugefallen. Und das ist nur eine Person, vermutlich werden im Lauf des Buchs noch dutzende beschrieben. Und sie haben ja nicht die ganze Zeit dasselbe an, es kann also sein, dass sie immer wieder neu beschrieben werden müssen, je nach Kleidung. Ein Grund, warum ich Comics so liebe: Die meisten Comic-Figuren tragen ja ihr Leben lang dieselben Sachen.

Ermüdender als Menschenbeschreibungen sind nur noch Landschaftsbeschreibungen. Seitenweise werden Pflanzennamen aufgezählt, wo man auch ein Foto abdrucken könnte. Ich bezweifle, dass der Held sich das alles überhaupt selber so genau angesehen hat, während er durch diese Landschaft gestolpert ist. Sicher war er in Gedanken ganz woanders. Aber wir Leser werden mit Details gequält!

Dann gibt es philosophische Streitgespräche, in denen der Autor seine neuesten Lesefrüchte auf verschiedene Personen verteilt wiedergibt, statt uns einfach das Ergebnis der Diskussion mitzuteilen. Was haben Bücher für einen Sinn, wenn sie nicht als Abkürzungen des Denkens funktionieren? Überhaupt sehr einschläfernd sind verschiedene Personen im selben Buch. Jeder einzelne Mensch ist doch so ungeheuer komplex, wozu braucht man dann mehrere?

Fehlende Absätze machen müde.

Kleine Schrift macht müde.

Dialoge in altmodischer Sprache machen müde.

Wissen, das man sich eigentlich merken müsste, macht müde.

Ortswechsel machen müde, weil die Gefahr besteht, dass der Held noch mehr Menschen kennenlernt, die beschrieben werden müssen und dass ihm weitere Sachen passieren, die das Ende des Buchs unnötig hinauszögern.

Fachvokabular macht müde, insbesondere aus der Seefahrt. Ohnehin ist es ermüdend, wenn Menschen in Situationen beschrieben werden, die ich nie erleben werde. Schrecklich diese Besteigungen von Bergen und dieses ewige Weltenbummlertum.

Jede Beteiligung von Tieren an der Handlung macht müde.

Handlung macht müde. Diese dauernden Ereignisse, die sich

aneinanderreihen, schon beim Gedanken daran schlafe ich ein. Ich will nicht, dass ständig etwas passiert.

II

Alexej Alexandrowitsch Fjodorow runzelte seine starken Augenbrauen, ein Erbe seiner Familie väterlicherseits, denn auch Alexander Alexandrowitsch Fjodorow, der Vater von Alexej Alexandrowitsch Fjodorow, hatte über dieses Familienmerkmal verfügt, was seine Frau Marja Wassiljewna, die spätere Gräfin Ignatjewna, immer daran gehindert hatte, ihm ganz zu vertrauen, sie war nun mal eine Wassiljewna, und dem Leser wird man nicht erklären müssen, was das heißt. Der Himmel über dem kleinen Städtchen W., das ganz in der Nähe von K. lag, aber dennoch zur Wojewodschaft L. gehörte, auch wenn es von seinen Bewohnern seit fernen Zeiten der Wojewodschaft P. zugerechnet wurde, worüber es manch lustige Anekdote zu erzählen gäbe, war von Wolken übersät, die das Sonnenlicht nur an wenigen Stellen durchbrechen ließen, sodass die Bäume, deren Grün sich in nichts vom Grün des südländischen Akanthus-Laubs unterschied, matt im Schatten lagen, wo das Pferd schlief. »Sie würden also Descartes zustimmen«, sagte Alexej Alexandrowitsch Fjodorow zu Fjodor Pawlowitsch, nippte an seinem Tee und verfolgte mit Belustigung, wie der Angesprochene mit einem spöttischen Seitenblick auf Grigori Wassiljewitsch erwiderte: »Wer würde Descartes nicht zustimmen?« – »Da ist er wieder, der alte Schelm!«, sagte Grigori Wassiljewitsch, der überhaupt nicht hingehört hatte, weil er es gewohnt war, in Gesprächen nicht ernst genommen zu werden. Seine Leidenschaft galt der Hasenjagd, in Begleitung seines treuen Foxterriers fühlte er sich wohler als bei den Menschen. In Petropawlowsk, einer kleinen Enklave ungefähr 100 Werst südlich von Smolensk, aber leicht mit der Kutsche zu erreichen, wenn die Wege nicht vom Tauwetter aufgeweicht waren oder unter Schneemassen begraben lagen oder sich gar in der Gluthitze des Sommers zu Wolken von Staub auflösten, hatte der Notar Timofej Sergejewitsch soeben das Büro eines Kollegen verlassen, wischte sich den Schweiß von der Stirn und gab seinem Hund einen freundschaftlichen Tritt. Er ahnte nicht, was im selben Moment im fernen London geschah und sein Leben für immer verändern würde, aber davon später. Langsam mahlen die Mühlen des Schicksals, und langsam muss davon berichtet werden, soll das kleine Pferdegespann unserer Erzählung nicht zuschanden geritten werden. Als junger Mann hatte Alexej Alexandrowitsch Fjodorow, oder war es Alexander Alexandrowitsch Fjodorow? – aber wer wären wir, das zu entscheiden? –, lange Reisen auf einem Schoner der russischen Handelsflotte unternommen und mit dem Pricker das Tauwerk weiten und Kardeelen einzuspleißen gelernt. Nun plätscherten seine Tage eintönig und ohne Überraschungen dahin, wie das Bächlein, das den nahen Anger vom Wäldchen trennte, in dessen Blätterwerk das Licht gegen Mittag so eigenartige Tänze aufführte. Wie der pergamentene Bleihimmel an diesem trüben Herbstnachmittag, so matt und grau waren auch die Tage Alexej Alexandrowitsch Fjodorows, der keine Freude mehr daran empfand, seine Gedanken schweifen zu lassen und sich an seine Zeit auf See zu erinnern. Seine einzige Liebe war ein dreibeiniger Elefant, den er aus Indien mitgebracht hatte und der ihm überallhin folgte.

Mein Gott, die Geschichte ist wirklich unglaublich langweilig, jeder normale Mensch dürfte jetzt schon schlafen. Ich bin also ganz alleine hier und kann einfach schreiben, was ich will. Den Rest dieses Buchs zu füllen, ist wie Graffiti auf die Rückseite des Monds zu sprühen, es wird nie jemand bemerken. Erst die unerträgliche Langweiligkeit meiner Geschichte hat mir völlige künstlerische Freiheit verschafft. Der Staat ist morsch! Petting statt Pershing! Es funktioniert. Keine Reaktion. Ich kann sagen, was ich will. Proletarier aller Länder vereinigt euch! Ganz schön ermüdend, diese Freiheit. Ich will meine nervigen Leser wiederhaben. Hallo! Hoch die müden Glieder! Oder schlaft ihr gar nicht? War meine Geschichte zu stark dosiert gewesen? Was habe ich getan! Ich habe meine Leser getötet! Ich bin ein Monster!

Warum komme ich immer zu spät? Ich kann einfach nicht losgehen. Ich denke dann immer, vielleicht merkt ja keiner, dass ich nicht komme, dann kann auch keiner sagen, ich sei zu spät gewesen. Einfach zu Hause bleiben, bis meine Abwesenheit in Vergessenheit geraten ist.

Unterwegs zu einer Verabredung werde ich immer wütender. Dieser hastige Aufbruch, alles musste man stehen und liegen lassen. Statt mal die Blumen zu gießen oder eine Bastelarbeit zu beenden. Warum muss ich immer hinfahren? Warum findet nie etwas bei mir statt? Es ist doch ein Zeichen von Respektlosigkeit, dass man überall hinzitiert wird wie zur Musterungskommission.

Ich habe ein erstes Rendezvous mit einer Frau, sicher legt sie Wert darauf, dass ich pünktlich bin. Was bildet die sich ein, mich so herumzukommandieren? Die kennt mich doch gar nicht! Die soll froh sein, wenn ich überhaupt komme. Von wegen, ich hätte ja zehn Minuten früher losgehen können … zehn Minuten sind nicht viel, die kann man leicht im Lauf des Tages bei anderen Tätigkeiten zusammensparen. Aber wo führt das hin? Soll ich vielleicht mein ganzes Leben für sie umkrempeln? Diese arrogante Kuh, das verschafft ihr bestimmt eine tiefe Befriedigung, mich hier so zu erniedrigen. Ich riskiere ja mein Leben, wenn ich mit dem Fahrrad bei Rot über die Ampeln rase. Warum mache ich das überhaupt mit? Ja, ich habe um diese Verabredung gebettelt, ich wollte sie unbedingt kennenlernen und habe sogar einen Tisch im Restaurant reserviert. Ja, ich bin in sie verliebt, na und? Muss man deshalb gleich seine Würde verlieren? Das ist doch bestimmt nur ein Test, um zu sehen, wie weit man bei mir gehen kann. So ein Trick, wie ihn Mütter ihren Töchtern heimlich weitererzählen, unter dem Siegel der Verschwiegenheit, um die Weltherrschaft der Frauen zu festigen.

Normalerweise könnte sie froh sein, wenn sie mir im Lauf ihres Lebens irgendwann einmal zufällig auf der Straße begegnet, aber sie bekommt mich auf dem silbernen Tablett serviert, da wird sie doch wohl mit ein paar Minuten leben können. Stattdessen sitzt sie wahrscheinlich gerade am Tisch und schaut immer wieder ungeduldig auf die Uhr, weil wir vor einer Dreiviertelstunde verabredet waren. Statt die Vorfreude zu genießen! Ich wette, die spielt mit dem Gedanken, einfach abzuhauen. So eine ist das! Damit kann sie nämlich überhaupt nicht umgehen, dass ich den Trick ihrer Mutter pariere. Das hat ihr ihre Mutter nicht verraten, wie sie darauf reagieren soll. Und wenn ich jetzt doch noch auftauchen würde, wäre das nur inkonsequent. Als wäre ich extra zu spät gekommen, um mich interessant zu machen. Die legt ganz schön früh los mit ihren Psychospielchen! Na, dann wollen wir mal sehen, wie es ihr gefällt, wenn ich einfach gar nicht darauf eingehe und sie alleine hocken lasse in ihrem Spinnennetz.

REPORTER: Herr Leder, Sie haben in diesem Jahr völlig verdient den Ironie-Man auf Hawaii gewonnen.

HERR LEDER: Treffender kann man es wohl kaum formulieren.

REPORTER: Zum ersten Mal in der Geschichte des Ironie-Man hat damit ein Deutscher diese härteste Rhetorikprüfung der Welt gewonnen.

HERR LEDER: Das haben Sie ja knallhart recherchiert.

REPORTER: Der Ironie-Man gilt als schwerster Wettbewerb für einen Ironiker, ein Klassiker, schon von einer Teilnahme träumt jeder, der sich irgendwie mit Ironie befasst, geschweige denn natürlich von einem Sieg.

HERR LEDER: Lohnt es sich schon, hinzuhören, oder brauchen Sie noch ein bisschen für das Formulieren Ihrer Frage?

REPORTER: Das ist keine Frage, ich wollte Ihnen nur meine Bewunderung ausdrücken.

HERR LEDER: Und ich bewundere Ihre kritische Distanz zu Ihren Interviewpartnern.

REPORTER: Wie sind Sie dazu gekommen, Ironie professionell zu betreiben?

HERR LEDER: Ich wollte was mit Menschen machen.

REPORTER: Ist das ironisch gemeint?

HERR LEDER: Wie kommen Sie denn darauf?

REPORTER: Sie sind ja nicht nur ironisch, sondern auch richtig sympathisch.

HERR LEDER: War das ironisch gemeint?

REPORTER: Nein, sarkastisch.

HERR LEDER: Ich glaube, Ihr Talent ist bei Radio Paradiso völlig verschwendet.

REPORTER: Herr Leder, würden Sie mir *eine* Frage richtig beantworten? Ohne sich über mich lustig zu machen? Das bringt uns hier nämlich nicht weiter.

HERR LEDER: Wenn Sie mir eine richtige Frage stellen?

REPORTER: Wann in Ihrem Leben haben Sie gemerkt, dass Sie ein Talent zur Ironie haben?

HERR LEDER: Normalerweise verstehen Kinder Ironie erst ab fünf Jahren. Bis dahin denken sie, alles, was man sagt, sei wörtlich gemeint. Ich habe aber schon viel früher nichts wörtlich gemeint. Das lag bei uns in der Familie. Schon bei meiner Geburt hat meine Mutter nur diese Klischeeszene aus zahlreichen Filmen zitieren wollen, in der unter großem Tamtam ein Baby geboren wird. Das kann man heute einfach nicht mehr so unreflektiert machen, ohne zu langweilen. Ich bin ja auch mit einer ironischen Erektion gezeugt worden.

REPORTER: Laut Robert Gernhardt gibt es so etwas aber gar nicht.

HERR LEDER: Dann muss das wohl stimmen.

REPORTER: Wie oft trainieren Sie denn Ihre Ironie?

HERR LEDER: Gar nicht.

REPORTER: Das heißt, Sie leben diesen Beruf?

HERR LEDER: Im Privatleben bin ich ganz eindimensional. Aber bei Wettkämpfen schaffe ich es, zwei Stunden ohne Pause nichts so zu meinen, wie ich es gesagt habe.

REPORTER: Das geht doch gar nicht. Da wird man doch verrückt.

HERR LEDER: Und selbst wenn ich etwas so meine, wie ich es gesagt habe, würde das niemand merken, weil alle denken, ich meine es gar nicht. Zum Beispiel wenn ich zu Ihnen sage: »Reichen Sie mir bitte mal die Butter?«

REPORTER: Was wollen Sie mir damit sagen?

HERR LEDER: Na, dass Sie mir mal die Butter reichen sollen.

REPORTER: Verstehe, und dann finden Sie das wieder irgendwie komisch.

HERR LEDER: Sehen Sie ...

REPORTER: Das heißt, Sie sind eigentlich gar nicht ironisch?

HERR LEDER: Die große Kunst der Ironie ist nicht, ironisch zu sein, sondern als ironisch zu gelten.

REPORTER: Und das erzählen Sie mir so einfach? Wenn ich es nun ausplaudere? Vielleicht werden Sie dann aus dem Rhetorikerweltverband ausgeschlossen.

HERR LEDER: Nein, es würde heißen, Sie hätten meine Ironie nicht verstanden.

REPORTER: Dann sind Sie ja ein Betrüger.

HERR LEDER: Und Sie sind ein Journalist.

REPORTER: Wollen Sie mich beleidigen?

HERR LEDER: Wie könnte man einen Journalisten beleidigen?

REPORTER: Ich glaube, ich habe genug von Ihnen.

HERR LEDER: Na dann, auf Wiedersehen.

REPORTER: Ich verbitte mir diesen Ton!

HERR LEDER: Ich hab doch nur auf Wiedersehen gesagt.

REPORTER: Ja, aber Sie haben es gedanklich in Anführungsstriche gesetzt.

HERR LEDER: Das bilden Sie sich nur ein.

REPORTER: Dann sagen Sie es noch einmal richtig.

HERR LEDER: Auf Wiedersehen.

REPORTER: Arschloch!

In dem Jahr, als ich Valeska kennenlernte, war Berlin eine Haut, die schmerzte, wenn ich mich zu schnell darin bewegte. Valeska warf ihren Kopf in den Nacken und ließ ihr glockenhelles Lachen erklingen, das mich an ein Glücklichsein erinnerte, wie ich es noch nicht erlebt hatte. Sie arbeitete in einem Institut für Völkerkunde und ging oft auf wochenlange Expeditionen. Ihre Briefe ließ ich ungeöffnet, aus Angst, mich zu sehr darüber zu freuen. Wenn sie zurückkam, brachte sie mir immer eine Feder mit, die sie am letzten Tag der Reise für mich aufgehoben hatte. Diese Federn steckte ich zu Hause in meine blaue Vase, ein Geschenk meiner Großmutter. Manchmal reicht es, eine Feder in eine Vase zu stecken, um für einen Moment keine Fragen mehr zu haben.

Valeska hatte mir von ihrem Freund Paul erzählt, der ihr gefiel, ohne dass sie wusste, ob sie ihrer Empfindung vertrauen konnte. Sie erzählte mir von seinen schwarzen Locken und wie sehr er sie wegen ihrer Klugheit verehrte. Paul arbeitete in einer Bar, aber er träumte von einer Karriere als Musiker. Er suchte nach dem Klang der Städte. Lange Abende verbrachten sie damit zu rauchen und sich seine Aufnahmen anzuhören, Marktplätze in Marokko, Autofabriken in Detroit, das Pfeifen einer sibirischen Lokomotive. Paul mischte diese Klänge zu verwirrenden Collagen. Valeska liebte es, sich so zu verlieren und anschließend wiederzufinden. Und ich liebte es, wenn Valeska mir davon erzählte mit diesem glockenhellen Lachen, das mich nicht nur an ein Glücklichsein erinnerte, das ich nicht kannte, sondern auch an ein Traurigsein, vielleicht war es aber auch ein und dasselbe Gefühl.

Dann traf ich Paul zum ersten Mal, und mir war sofort klar, dass jetzt nichts mehr wie vorher sein würde. Er sah mir in die Augen und ich vermied es, seinen Blick zu erwidern, aber ich wusste noch nicht, warum. »Sieh nur, die Blätter«, sagte Valeska, denn draußen vor dem Café fegte eine herbstliche Böe durch die Kastanien und riss alle toten Blätter mit. Ich fragte mich, ob die Blätter das von Anfang an geahnt hatten oder ob sie auch so von ihrem Schicksal überrascht worden waren wie wir. »Valeska, willst du mir nicht deine Freundin vorstellen?«, sagte Paul zu Valeska, und ich spürte, wie ich rot wurde. Es war seltsam, von einem Fremden als Valeskas Freundin bezeichnet zu werden, aber es war auch schön. Obwohl ich, wenn ich es mir heute überlege, nicht »schön« dazu sagen würde, ich weiß nicht, welches Wort das richtige wäre, es wäre schön, das zu wissen.

»Das ist Katharina, meine beste Freundin«, sagte Valeska. »Sie tanzt.«

Paul sah mich wieder mit einem Blick an, den man nicht vergessen konnte. Ich wollte das nicht, und doch gefiel es mir.

»Sie tanzt?«, wiederholte Paul Valeskas letzte Worte, als müsse er länger darüber nachdenken als wir. »Du siehst gar nicht aus, wie eine Tänzerin.«

»So? Wie sehe ich denn aus?«, sagte ich und erschrak über meine Stimme.

»Ich weiß nicht, irgendwie anders«, sagte Paul, und ich wusste nicht, wie er das meinte.

Von ihrer nächsten Expedition nach Afrika schickte sie mir wieder einen langen Brief, den ich wie üblich nicht öffnete. Der Umschlag roch nach Zedernholz, ich steckte den Brief in die Tasche und befühlte ihn mit den Fingern, während ich durch das dichte Laub eines Friedhofs ging und einen Ring suchte, den ich hier als Kind einmal verloren hatte.

Wenn ich in diesen Wochen an Pauls Bar vorüberging, verbarg ich mein Gesicht in meinem Schal, den mir meine andere Großmutter geschenkt hatte, ich wollte nicht, dass Paul mich erkannte. Am Tag vor Valeskas Rückkehr öffnete ich ihren Brief. Er war leer. Plötzlich war ich wütend auf Valeska. Ich setzte mich in Pauls Bar und bestellte einen Gin Tonic. Ich steckte mir eine Zigarette an und wartete, dass er mich erkennen und wieder auf seine unvergessliche Art ansehen würde. Aber als er mir meinen Gin Tonic brachte, sah er mir in die Augen, und ich wurde fast ohnmächtig, weil ich mich mit einem Mal so einsam fühlte. Ich trank den Gin Tonic aus, obwohl mir schlecht davon wurde. Ich rauchte noch eine Zigarette und ärgerte mich, weil meine Finger nach Zedernholz rochen. Ich ging auf die Toilette, wusch mir die Hände und weinte. Die Papierhandtücher waren hellgrün. Von diesem Nachmittag erzählte ich Valeska nie, und sie fragte mich auch nicht danach. Ich bat sie nur, mir keine Briefe mehr zu schreiben. Ich bin froh, dass sie sich nicht daran hält.

Es gibt wenige Dinge, die einen im Leben pausenlos und bis ans Sterbebett begeistern, und von diesen ist mir keines bekannt. Dem Betrachten von Fußballspielen widme ich freilich mehr Lebenszeit als beispielsweise dem Aufpieksen von verstopften »Viss«-Flaschen. Mein Fernsehgerät ist eine der letzten Konstanten in meinem Maschinen-Park, trotzdem stelle ich den Ton leise, wenn Anrufe kommen, der Störenfried soll nicht denken, dass es mir zu gut oder zu schlecht geht. Manchmal schummele ich und gucke nach Drücken der Stumm-Taste weiter, während der Mensch an der mir abgewandten Hörmuschel, ohne es zu ahnen, ein Bewerbungsgespräch um meine Hörergunst führt. Es wäre für beide Seiten gewöhnungsbedürftig, in diesen Momenten auch das Telefon auf »stumm« zu schalten.

In einer bestimmten Lebensphase, die ich inzwischen aus sicherer Entfernung betrachte, habe ich meinen Fernseher in die Kammer verbannt, ihn aber für Fußballübertragungen wieder aufgebaut, was mir angebrachter erschien, als dem Fernseher mein Wohnzimmer zu überlassen und selbst in die Kammer zu ziehen. Da es aber inzwischen an jedem Tag der Woche mindestens ein entscheidendes Spiel zu sehen gibt, war mir das Hin- und Hertragen irgendwann zu mühselig, und nun gucke ich auch wieder den ganzen Dreck zwischen den Spielen.

Außenstehenden gelingt es nicht, mit meinen drei Fernbedienungen das Bild zum Bleiben zu bewegen, sie wissen nicht, dass man zuerst den Fernseher einschalten und die Minustaste drücken muss, um auf »39« zu stellen, dann den Videorekorder durch Drücken einer zweiten Minustaste auf »E2«, um dann den DVB-Empfänger durch Drücken einer beliebigen Zahl hinzuzuschalten. Und selbst, wenn einem Glückspilz das alles durch Zufall gelingt, wird er doch überrascht und vielleicht sogar erbost sein, wenn der Videorekorder sich nach fünf Minuten, in denen nicht umgeschaltet wurde, von selbst wieder abstellt. Ich habe ihn jahrelang alle fünf Minuten wieder angestellt, mein Leben teilte sich in schmale Scheibchen, und ich habe schließlich ein Gefühl dafür entwickelt, wann ich kurz umschalten musste, bis mein Blick auf die Bedienungsanleitung des Geräts fiel, die in einer eher unrepräsentativen Abteilung meiner Bibliothek neben den Bedienungsanleitungen für den Pürierstab und die elektrische Zahnbürste stand, eine Lektüre, die wirklich nur eine Notlösung für den Fall eines längeren Aufenthalts in einer von Buchstaben reingewaschenen Welt sein kann. Wie gelangweilt muss ich gewesen sein, um mir diese Publikation durchzulesen, aber wie groß war mein Staunen, als ich erfuhr, dass man durch fünfsekündiges Drücken der Stop-Taste des Videorekorders diesen in den »Tuner«-Zustand versetzen konnte, womit das lästige Umschalten entfiel. Ich besitze auch andere Tasten, bei denen längeres Drücken überraschende Dinge bewirkt, der Computer stellt sich dann etwas nachhaltiger aus, der Drucker dagegen druckt trotz wirrer Fehlermeldungen weiter, längeres Drücken signalisiert bei Tasten Dringlichkeit, nicht wie bei Menschen Zuneigung. Drücke ich einen Menschen länger als fünf Sekunden, wird er nicht plötzlich etwas Unerwartetes, aber durchaus Wünschenswertes tun. Andererseit habe ich es auch noch nie ausprobiert.

Ich habe es aufgegeben, Leuten, die meine Wohnung hüten und bei denen es sich keineswegs um infolge der Industrialisierung der Landwirtschaft arbeitslos gewordene Schäfer handelt, sondern um Babysitter und verirrte Elternteile, den Umgang mit meinen drei Fernbedienungen zu erklären, in meiner Wohnung wird in meiner Abwesenheit nachgedacht oder eine Handarbeit erledigt. Ohne mich ist mein Fernseher wertlos, das gibt mir das Gefühl, gebraucht zu werden. Und mit mir will man bei mir genauso wenig fernsehen, da mein Gerät eine Bildschirmdiagonale hat, zu der man sich in technikbegeisterten Männerrunden so ungern bekennen würde wie zu einer schielenden Freundin.

Einmal hatte ich einen Gast, der mit einem eingewickelten Döner erschien, keineswegs als Ersatz für Blumen gedacht, sondern als stinkender Snack während eines bedeutungslosen WM-Vorrundenspiels USA–Iran beziehungsweise Iran–USA. Zehn Minuten vor Ende der »niveaumäßig pitoyablen Partie« (F.A.Z.) schlug mein Gast mir schmatzend vor umzuschalten. Kein Wunder, dass ich seitdem nur noch alleine gucke, die Langeweile eines Fußballspiels lässt sich in Gesellschaft nicht genießen, denn dann neigt man dazu, den Weg des geringsten Widerstands zu wählen und sich zu unterhalten. Genausowenig kann man ein auf Video aufgezeichnetes Spiel mit der Vorspultaste zusammenfassen und ›die interessanten Stellen‹ ansteuern. Es ist wie mit dem Leben, man muss es durchleiden und rückwirkend betrachten, damit sich einem ganz unerwartet die Poesie des beiläufig Erlebten offenbart.

Als man in Kneipen mit öffentlich aufgestellten Fernsehern noch Menschen antraf, die ihren Umgangsformen nach einer vergangenen Gesellschaftsordnung angehörten, war ich dieser Form der Geselligkeit zugetan. Inzwischen findet man aber bei Projektionen keinen guten Platz mehr, weil es ganze Kleinfamilien und Freundeskreise ›unters Volk‹ zieht. Ich fände es angebracht, wenn man mir in solchen Foren umstandslos eine Sitzgelegenheit anbieten würde, wie ich es in der Straßenbahn bei schwangeren Frauen oder Menschen, die gebrechlicher wirken als ich, ja auch tue, weil man mich dazu erzogen hat. Freundinnen mir Fremder, die nur alle vier Jahre mitgucken, sollten mir durch Aufstehen Respekt bezeugen, zumal wenn es sich um

Frauen handelt, die nur wegen der Waden der Spieler hier sind, oder wegen der ›Stimmung‹. Außerdem wäre es wünschenswert, dass die Menschen sich beim Fußballgucken benehmen, wie beim Durchwandern einer Galerie, sich also ihre anscheinend unvermeidlichen Aperçus nur noch zuwispern, als weckten sie sonst die teuren Gemälde auf.

Ruhe und Konzentration findet man nur zu Hause, wo in der Zeit der großen Turniere nach Mitternacht historische Spiele laufen, damals, als die Reporter noch keine Emotionen hatten und die Spieler unsportlicher aussahen als ich, man war ja in den 70ern offenbar erst mit Mitte 40 zum Nationalspieler gereift. In diesem Körpermilieu würde ich schon als Bodybuilder gelten. Es ist mir ganz egal, wer gewinnt, es geht beim Fußball ja gar nicht darum, den Ball ins Tor zu befördern, denn das könnte man viel einfacher tun, indem man das Stadion nachts betritt, wenn der Gegner schläft. Mich bewegt es viel mehr, wenn ein Spieler nach einem Tor jubelnd auf die Tribüne zurennt, weil er den Abseitspfiff des Schiedsrichters nicht gehört hat, bis er sieht, dass die auf ihn zustürmenden Gratulanten sich längst enttäuscht von ihm abgewandt haben. Oder wenn ein zweiter Ball auf dem Spielfeld auftaucht, den keiner haben will und der mürrisch weggeschossen wird, während der erste Ball doch so heiß begehrt ist, ohne wirklich besser zu sein. Das sind Szenen wie aus meinem Leben, für die ich den Rest geduldig hinnehme. Oder der Argentinier Riquelme, der für mich zum Idol wurde, als er aus der Nationalmannschaft zurückgetreten ist, weil seine Mutter es nicht mehr ertrug, dass er ständig kritisiert wurde. Wenn ich nur ein Fünkchen Mitgefühl hätte, würde ich aus demselben Grund keine Bücher mehr schreiben.

Am Wochenende besucht Trixi ihren Papa, denn sie hat zwei Zuhause, eins bei ihrer Mama und eins bei ihm. Sie hat zwei Betten, zwei Stullenbrettchen, zwei Stifttaschen und zwei Spielzeugherde. Ihr Papa gibt sich immer Mühe, ihr etwas Schönes zu kochen, aber sie isst es nur, damit er nicht traurig ist und mit viel Ketchup, denn es schmeckt nicht wie bei Mama. »Ess!« sagt er, und sie verbessert ihn: »Das heißt nicht ›ess‹, das heißt ›iss‹!« »Sei nicht so frech!«, sagt ihr Papa, aber eigentlich freut er sich, dass sie so frech ist, denn frech sein ist gesund. Nach dem Essen sagt Trixis Papa: »Lässt du mich noch ein bisschen arbeiten?« Und Trixi hilft ihm bei der Arbeit, er schafft es nämlich nicht allein. Sie bringt ihm die Knete und einen Kamm zum Schreibtisch und zur Stärkung eine Kürbissuppe aus Papierschnipseln. Sie setzt sich auf seinen Schoß und sagt ihm, was er als Nächstes machen soll. Mit ihrer Papierschere schneidet sie Muster in seine Zettel, bis er sagt: »Kannst du nicht lieber mit deinen Bauklötzen spielen? Ich muss jetzt wirklich arbeiten.«

Statt sich von ihr helfen zu lassen, schickt er sie schließlich ins Bett. Immerhin singt er ihr noch ein Lied vor, allerdings singt er ein bisschen falsch, aber es gefällt ihr trotzdem. Doch er darf ihr keinen Kuss geben, weil er immer so nasse Lippen hat. Beim Aufstehen stöhnt er, weil ihm der Rücken wehtut.

»Du hast's gut, du darfst schlafen«, sagt er. »Ich muss noch arbeiten. Gute Nacht.«

»Lässt du die Tür noch ein bisschen offen?«

»So?«

»Nein, mehr.«

»So?«

»Nein, wie neulich gestern.«

»So?«

»Ja, so.«

»Und wenn ich Angst bekomme, kommst du mich trösten?«

»Du musst doch keine Angst bekommen, du bist doch schon ein Gewachsener.«

Am Morgen rennt Trixi ein paar Runden um den großen Tisch im Wohnzimmer. Dann kippt sie die Tonne mit den Bauklötzen aus. Sie baut einen langen Zug und zwei Betten. Dann baut sie einen Turm. Bevor sie wieder zu ihrer Mama fährt, sagt Trixi zu ihrem Papa: »Nicht aufräumen!«, und sie meint es ernst. Sie will nicht jedesmal von vorne anfangen müssen.

Trixis Papa muss die ganze Woche über große Schritte machen, um die Bauklötze nicht umzuwerfen. Aber das macht ihm nichts aus, er freut sich ja auf Trixi. Er kauft sogar noch mehr Bauklötze, damit sie noch größere Türme bauen kann, vielleicht ja sogar einen bis zur Decke. ›Gut, dass ich keine Frau habe, die würde das sicher stören‹, denkt er. ›Aber so gut auch wieder nicht ...‹

In der nächsten Woche gibt es wieder Reis mit Würstchen und viel Ketchup. Die Würstchen sind angebraten und der Reis zu salzig. Aber Trixi sagt nichts, sie will nicht, dass ihr Papa traurig ist. Sie hilft ihm wie immer bei der Arbeit und bringt ihm eine Nudelsuppe aus Schnipsgummis, sein Portemonnaie und eine große Staubflocke an den Tisch, aber er sagt: »Ich muss mich konzentrieren!«, und schickt sie zu ihren Bauklötzen. Als er sich endlich zu ihr umdreht, ist sie zwischen den neuen Türmchen kaum noch zu sehen. »Nicht aufräumen!«, sagt Trixi zum Abschied, und ihr Papa macht, was sie sagt. Allerdings stehen in der Wohnung nun schon so viele Türme und Höhlen aus Bausteinen, dass Trixis Papa sich fast darin verläuft.

In der nächsten Woche sieht Trixi ihren Papa nicht. Er ist irgendwo zwischen den Bauklötzen verschwunden und ruft ihr zu, was sie zu essen machen soll und wo der Ketchup steht. Trixi weiß natürlich schon längst, wo alles steht, sie ist ja kein Baby mehr. »Brat dir ein paar Würstchen«, ruft ihr Papa. Und sie macht sich Spiegeleier, weil die ihr besser schmecken. »Willst du auch was?«, fragt sie. »Nein, ich hab keinen Hunger.« »Man muss aber was essen.« »Na gut. Darf ich danach ein paar Bauklötze aufräumen?«, fragt Trixis Papa.

»Nein.« Trixi will nicht jede Woche von vorne anfangen müssen. Und sie ist noch lange nicht fertig.

»Willst du nicht lieber wieder was ausschneiden?«

»Nein, ich finde meine Papierschere doch nicht mehr.«

In der nächsten Woche hört Trixi nicht mal mehr die Stimme von ihrem Papa, aber er läuft irgendwo zwischen den Bauklötzen herum, denn manchmal fallen welche um. Die Spiegeleier, die sie ihm hingestellt hat, rührt er nicht an. Sie macht sich ein bisschen Sorgen. Trixi setzt sich an den Tisch zum Arbeiten, einer muss es ja tun, sie schreibt einen Brief an die Mama. Sie kann zwar erst ihren Vornamen schreiben, aber dafür so oft, bis das Blatt voll ist. Niemand sagt, dass Trixi nicht so trödeln soll, sie kann alles selber bestimmen. Endlich kann sie so viel Schokolade zum Nachtisch essen, wie sie will. Sie geht ganz alleine ins Bett. Sie singt sich selbst das Gutenachtlied vor. Aber dann kann sie nicht einschlafen, ihr Papa fehlt ihr doch ein bisschen. Wo er wohl ist? Ob er Hunger hat? Vielleicht sollte sie ihm ein Bett aus Bauklötzen bauen? Jetzt hätte sie ja gerne mal einen Kuss.

Am nächsten Tag packt sich Trixi Gummibärchen und einen Apfel in den Rucksack, mit dem sie immer mit der Kindergartengruppe zum Spatzenkino fährt. Ein bisschen ängstlich ist sie schon, als sie sich auf den Weg in die Bauklötzewelt macht, um ihren Papa zu suchen. Sie hat Angst, dass einer der vielen Türme auf sie fallen könnte, dass einer der vielen Züge sie überfahren könnte, und dann sind da auch noch Raumschiffe. Gut, dass sie die Taschenlampe mitgenommen hat. Leider weiß sie nicht, wie man sie anschaltet. Mitten auf dem Weg findet sie ihre Papierschere, die hatte sie schon gesucht. Nach einer Weile hört sie ganz leise jemanden rufen. Am Ende einer langen Straße aus Bauklötzen, hinter einer Bauklötzebrücke über einen Bauklötzefluss sieht sie ihren Papa auf einer Bauklötzebank sitzen, er hat schon einen Bart bekommen, so lange war er weg. Er freut sich, sie zu sehen: »Ich dachte schon, du kommst nicht mehr«, sagt Trixis Papa. »Ich hab dich überall gesucht.« »Na komm, wir gehen nach Hause.« Unterwegs gibt es was zu essen aus Trixis Rucksack.

Zusammen finden sie den Weg aus den Bauklötzen, weil Trixi die Taschenlampe hat und weil ihr Papa weiß, wie man sie anschaltet. Weil sie so tapfer war, bekommt Trixi einen Kinderschreibtisch geschenkt. Da kann sie immer sitzen und mit der Papierschere Muster ausschneiden, sie nimmt dazu Papas Zettel. Auf einem davon stand der Schluss dieser Geschichte, aber sie hat ihn zerschnitten. Jetzt weiß niemand mehr, wie er ging. Aber ich glaube, sie ging ziemlich gut aus, sonst hätte ich sie sicher nicht zu erzählen begonnen.

Mein Nachbar von oben ist endlich ausgezogen. Ich hatte die Hoffnung schon aufgegeben. Vier Jahre lang habe ich jede Woche das Klingelschild meines alten Hauses überprüft, und jetzt ist er endlich ausgezogen. Ich hätte also, wenn ich geblieben wäre, noch vier Jahre mit ihm leben müssen. Irgendwo in Berlin liegt jetzt jemand wach und fragt sich, woher plötzlich dieser Krach kommt. Denn mein Nachbar von oben drehte, wenn er nachts um drei nach Hause kam, seine Anlage auf und hörte Techno. Die Decke schluckte nur die hohen Töne und das Gezischel, die Bässe hörte man selbst durch Ohropax. Am Morgen sprang er aus dem Hochbett, wovon bei mir die Flurtür aufging. Oder seine Freundin stöckelte eine halbe Stunde lang über die Dielen, als würde sie den Teppich festtackern. Man konnte sich nicht aus dem Weg gehen, unsere Wohnungen hatten nur ein Zimmer, und man saß immer untereinander. Sonnabends hatten sie Sex, danach sahen sie fern und wenn telefoniert wurde, verstand man jedes Wort. Wahrscheinlich hätte ich mich doppelt gehört, wenn ich ihn angerufen hätte. Oft habe ich mich mitten in der Nacht angezogen und bin die Treppe hochgegangen, um an seiner Tür zu lauschen und den Mut zu fassen, bei ihm zu klingeln. Im Flur hörte man die Musik drei Stockwerke tief. Warum störte das nur mich? War ich ein Spießer? Ich störe so ungern, selbst Leute, die mich stören.

Ich hörte mich um, jeder hatte einmal unter Lärmbelästigung gelitten. Unsere Welt war aus den Fugen. Niemand nahm mehr Rücksicht. Fallrohre, die keinem Haus zuzuordnen waren, verliefen direkt an Kopfkissen vorbei. Aus den Wänden klang es nachts, als würden Eingemauerte nach Luft schreien. Einer wohnte über einem illegalen Bordell und hörte jedes Geräusch. Einer wurde von der verwirrten Oma unter ihm verdächtigt, mit einem mysteriösen Gerät zu lauschen, wo sie sich in ihrer Wohnung befand, um genau über ihr zu trampeln. Bei einem ließ die an den Hüften operierte Frau von oben jeden Morgen beim Aufstehen mehrmals ihre Krücken fallen. Unter Bernd wohnte einmal ein Ex-Knasti, der, wenn er nachts betrunken nach Hause kam, im Radio DDR-Nachrichten aufdrehte. Weil Bernd wusste, dass sie im Knast in Hierarchien denken, hat er gar nicht erst das Gespräch gesucht, sondern ihm gleich die Tür eingetreten und den im Bett Liegenden verdroschen. Daraufhin bestand der Mann darauf, Bernds Frau die Einkaufsbeutel zu tragen, wenn er ihr auf der Straße begegnete.

Ihn umbringen, das wäre die sauberste Lösung gewesen. Aber seltsamerweise wurde man gleich wieder milde gestimmt, wenn einmal Ruhe eintrat. Vielleicht bildete man sich alles nur ein? So schlimm war das doch gar nicht. Das war wie mit der DDR, man vergisst so schnell. Einmal war sogar drei Wochen Ruhe, offenbar war mein Nachbar im Urlaub. Aber umso schlimmer der Moment, wenn er eines Nachts wieder in die Wohnung getrampelt kam und sofort seinen Techno aufdrehte, als sei er extra dafür nach Hause gekommen.

Sollte ich ihn vergiften? Ihn bei der Gestapo denunzieren, damit er an die Ostfront versetzt würde? Ausziehen? Ich? Ich hatte eine Diktatur zerschlagen! Sonst wäre er gar nicht hier gewesen, sondern immer noch in Hildesheim, ich würde nicht nachgeben! Meine Wohnung hatte ich noch vor der Wende besetzen müssen, mit der Zeit hatte ich miterlebt, wie die Miete von 20 Mark auf 250 Euro gestiegen war. Ich hatte die Modernisierung des Hauses durchgestanden. Den Einbau von Bad und Heizung, die neuen Fenster, wochenlang hatte in der Küche ein Loch im Boden geklafft, an der Stelle vom herausgerissenen Außenklo. Bauarbeiter waren auf dem Weg zur Arbeit über mein Bett gestiegen. Und ich sollte ausziehen?

Ich erkundigte mich bei der Hausverwaltung, ob die Miete für einen Nachmieter steigen würde. Eine Woche später bekam ich eine Mieterhöhung zugestellt. Gegen meinen Nachbarn unternahmen sie nichts. Der Mieterverein riet mir, ein Lärmprotokoll zu führen. Ich lernte Wörter wie »Trittschall«.

Sollte ich einen Lautsprecher an die Decke richten, Gabba aufdrehen und das Wochenende über aufs Land fahren? Leben und leben lassen. Ich schlief im Badezimmer.

Und nun ist er endlich ausgezogen und ich atme auf, obwohl ich seit vier Jahren woanders wohne.

II

Wie heißt der Neue? Schmidt? Hast du den schon mal gesehen? Warum ist der denn nie zu Hause? Der ist immer zu Hause? Aber man hört doch gar nichts. Wo das doch eigentlich so hellhörig ist hier. Ob der mit Absicht so leise ist? Da ist doch was im Busch. Vielleicht steht der ja immer an der Wand und lauscht? Das ist doch total unsozial, so leise zu sein. Spielt der sich hier als Geräuschgestapo auf? Menschen machen eben Geräusche, sonst würde man ja nur so anonym aneinander vorbeileben. Und wenn man tot ist, merkt wochenlang keiner was. Der denkt wohl, wir interessieren uns nicht für ihn. Der muss doch auch mal Sex haben oder geht der in den Puff? Und fernsehen tut der anscheinend auch nicht. Was macht der denn dann? Vielleicht nimmt der Heroin und ist ständig high? Wenn das nicht besser wird, hole ich irgendwann die Bullen. So ein leiser Nachbar, das ist doch Psychoterror. Der will uns doch provozieren. Das ist bestimmt so ein Schwabe, der am liebsten jeden einsperren würde, der nicht ist wie er. Wir sind alle keine Engel! Wo gehobelt wird, fallen Späne. Leben und leben lassen. Aber mit so einem Gespenst nebenan, das schnürt einem ja die Luft ab. Was macht der denn bloß da drinnen? Vielleicht ist das so ein Schläfer? Von den Terroristen? Ich mach das nicht mehr lange mit, ich dreh gleich meine Anlage auf, dann soll er sehen, ob er uns noch aushorchen kann. Ich seh überhaupt nicht ein, warum ich mich hier von so einem Wessi-Nazi terrorisieren lassen soll. Die Hausverwaltung interessiert das bestimmt auch, wenn hier ein Junkie rumspioniert und sich Nutten hält im Puff. Weißt du was? Mit solchen Typen kann man gar nicht reden, das hat gar keinen Sinn, die verstehen nur eine Sprache. Ich trete dem einfach die Tür ein und verdresche ihn. Darauf kann der lange warten, dass wir hier die Nerven verlieren!

EIGENTLICH TANZE ICH GANZ GERNE

von Jochen Schmidt
und Mawil 2009

Die Hand von einem Erwachsenen aufzukriegen, war man als Kind zu schwach

Menno! Das is meins!

ich hab dich gewarnt!

Was darin verschwunden war würde man nicht wiedersehen

Als Kind muss man auch damit leben, einfach hochgehoben zu werden, wenn man nicht weitergehen will

uii!

Als würde mich meine Freundin, wenn ich nicht in die Disko will, einfach hintragen

Dann würde sie sagen: Alle andern machen mit, nur du ziehst ein Gesicht!

Wir wären nicht zusammen, wenn meine Eltern mich nicht eines Tages zu ihr hingetragen hätten.

Du hattest 32 Jahre Zeit dir eine auszusuchen

So wie ich sie meinerseits irgendwann zum Altar tragen werde.

Und wenn es dann heißt:
Tauschen sie jetzt die Ringe

Werde ich einfach nicht
die Hand aufmachen.

Wenn man sich als Erwachsener
wie ein Kind benimmt,
gerät man schnell in die Kritik.

Das gilt aber auch
im umgekehrten Fall.

Zu meiner Zeit hat man unter
„killen" noch etwas ganz
anderes verstanden.

Ich hätte auch nicht mit meinem
Killer gespielt, dazu war er
viel zu wertvoll.

Man spielt nicht mit wertvollen Sachen.

141

So, pünktlich bin ich ja, 20 nach zehn war ausgemacht, und jetzt ist es zehn vor zehn. Da dürften wir uns eigentlich nicht verpassen. Vielleicht bin ich sogar eine Spur zu pünktlich? Umso besser, dann kann ich noch mal über alles nachdenken, was in meinem Leben passiert ist, bis zu diesem Augenblick. Wenn der Sinn des Ganzen war, dass ich *sie* jetzt hier treffe, dann kann man eigentlich nichts gegen mein Leben sagen, dann war es eben von der Dramaturgie her darauf zugeschnitten, jetzt seinen Höhepunkt zu erreichen. Allerdings wäre es schöner gewesen, wenn ich das die ganze Zeit schon gewusst hätte, dass das Absicht ist, wie schrecklich alles ist, und dass das nur wegen dem Spannungsbogen so ist. Ich hätte mit der Information schon umgehen können.

So, wie spät? Was? Erst neun vor zehn? Jetzt habe ich mein ganzes Leben Revue passieren lassen, und das hat nur eine Minute gedauert? Worüber soll ich denn jetzt noch nachdenken bis 20 nach zehn? Ich kann doch nur über mich nachdenken, alles andere wäre doch total aus der Luft gegriffen. Außerdem ist es ziemlich frisch hier, da kann man sich nicht konzentrieren. Der Platz heißt »Prešernov Trg« und ist der zentrale Platz von Ljubljana, der Hauptstadt Sloweniens, das einmal Teil der jugoslawischen Föderation war und inzwischen als erste jugoslawische Teilnation in die Europäische Union aufgenommen worden ist. Vielleicht sollte ich das dazu sagen, damit man versteht, wo ich mich überhaupt befinde zum Zeitpunkt der Erzählung. Prešernov war der berühmteste slowenische Dichter, sozusagen der Goethe Sloweniens, aber mir sagt der Name überhaupt nichts, obwohl er die 1000-Tolar-Note schmückt. Auf den übrigen Geldscheinen sind mit aufsteigendem Wert Janez Vajkard Valvasor, Jurij Vega, Rihard Jakopič, Iacobus Gallus und Jože Plečnik zu sehen, alles keine so richtigen A-Prominenten für mich.

Hoffentlich findet sie mich überhaupt noch gut, wenn sie mich wiedersieht. Die hat doch bestimmt ein ganz falsches Bild von mir, weil ich beim letzten Mal so erholt aussah und mich wie ein Gentleman benommen habe. Da habe ich die Latte ganz schön hoch gehängt. Aber zum Glück ist es ja schon dunkel. Man sollte sich bei Wiederbegegnungen nach einem gemeinsamen Urlaub immer im Dunkeln verabreden. Aber trotz Dunkelheit muss ich natürlich schon im ersten Moment überzeugen, schon von der Körpersprache her. Wenn sie mich hier sitzen sieht, muss sie gleich ganz intensiv empfinden, dass die Entscheidung, sich mit mir wiederzutreffen, die wichtigste ihres Lebens war. Vielleicht die Beine übereinanderschlagen. Auf jeden Fall keine nervösen Bewegungen, bestimmt ist sie selber nervös, und die ganze Anspannung soll ja von ihr abfallen, wenn sie mich sieht, weil sie spürt, dass sie ihren Gefühlen vertrauen kann und ihr ihre täglichen Sorgen plötzlich so klein erscheinen. Allerdings soll sie natürlich auch ein bisschen *excited* sein bei aller Relaxtheit, wir wollen ja nicht so ein Brüderchen-Schwesterchen-Verhältnis, sondern eine verzehrende, aber dabei irgendwie auch wohltuende Leidenschaft.

Zum Glück hab ich meine kurzen Socken an, die so gut zu den Turnschuhen passen. Ich dachte ja immer, man trüge kurze Socken nur zu kurzen Hosen und dass man, wenn man das beherzigte, männermodemäßig schon zu den oberen Zehntausend gehörte, auf jeden Fall aber im Ausland nicht mehr für einen Deutschen gehalten würde. Aber die Sockenverkäuferin meinte, die Kurze-Socken-Regel gelte auch bei langen Hosen. Und wenn ich mir das jetzt ansehe, sieht das schon gut aus, wie meine Fesseln bei übereinandergeschlagenen Beinen zum Vorschein treten. Hoffentlich kriegt sie das nachher auch mit im Dunkeln. Immerhin verzichte ich für sie auf eines der bleibendsten Vergnügen im Leben, nämlich sich von Zeit zu Zeit die Strümpfe hochziehen zu können. Das ist immer so ein schönes Gefühl. Aber mit kurzen Socken kann man das vergessen. Wieder was, was nicht mehr geht im Leben, weil man kein Kind mehr ist.

Eigenartig, so eine Situation, man wartet und wartet und weiß gar nicht, ob man sich ihre Existenz nur eingebildet hat, und plötzlich wird sie da sein, als sei sie nie weg gewesen. Das ist wie bei den Juden, die nehmen auch jeden Moment im Leben gleich wichtig, weil es der sein könnte, in dem der Messias kommt. Das jüdische Volk hat sozusagen eine Verabredung, ist aber ein paar tausend Jahre zu früh erschienen. Ob die Juden auch kurze Socken tragen?

Hat nicht Roland Barthes genau diese Situation beschrieben in »Fragments d'un language amoureux«? Ich weiß aber nicht mehr, wie die Stelle genau ging, ich kann mir einfach keine Zitate merken. Der Absatz hieß jedenfalls »Die Erwartung«. Und er ging irgendwie so: »›Bin ich verliebt? – Ja, weil ich warte.‹ Er, der Andere, wartet nie. Manchmal möchte ich den Nicht-Wartenden spielen; ich versuche mich anderweitig zu beschäftigen, zu spät zu kommen; aber bei diesem Spiel verliere ich immer; was ich auch tue, ich finde mich müßig, ich komme rechtzeitig, ja sogar zu früh. Die fatale Identität des Liebenden ist nichts anderes als dieses ›Ich bin der, der wartet.‹« Geht ja eigentlich noch, mein Gedächtnis.

Hier sind so viele Menschen, am Ende habe ich sie übersehen? Ist sie das da nicht? Hoffentlich nicht, dann würde sie ja gar nicht so gut aussehen, wie ich dachte. Aber die guckt doch zu mir her? Und jetzt kommt sie auf mich zu. Vielleicht ist sie das doch? Aber sie sieht eigentlich ganz anders aus. Aber vielleicht ist es ein Zeichen von Reife, wenn man bereit ist zu nehmen, was man kriegen kann, und damit glücklich zu werden, statt sein Leben mit Warten zu verbringen? Immerhin sind es noch 20 Minuten. Oder sitzt sie da hinten, am Prešernov-Denkmal? Die Silhouette kommt hin. Ui, jetzt kippt sie um. Also wenn sie das ist, ist sie ganz schön betrunken.

Jetzt kommt auch noch einer von diesen Jongleuren auf mich zu. So ein jugendlicher Herumtreiber, wie sie in unseren europäischen Metropolen in der Sommerzeit kein ungewohntes Bild sind. Hoffentlich spricht der mich nicht an, lieber nicht hinsehen. Glück gehabt, er ist vorbeigegangen, er wollte gar nicht zu mir. Aber was plätschert denn da jetzt so? Der pinkelt doch nicht etwa direkt hinter mir an die Kirche? Mann, was ist denn, wenn sie ausgerechnet jetzt kommt, wo ein Jongleur hinter mir an eine Kirche pinkelt? Die denkt doch bestimmt, ich hätte mir mehr Mühe geben können mit der ersten Verabredung nach so langer Zeit, schließlich hatte ich 40 Minuten, um einen Platz auszusuchen, wo nicht an Kirchen gepinkelt wird. Frauen *sind* doch so. Allerdings, mit ein bisschen Phantasie klingt es ja auch wie ein Zimmerspringbrunnen, und die finden Frauen romantisch, wie in »Der perfekte Liebhaber« zu lesen war. Finde ich ja nicht, dass ein Zimmerspringbrunnen romantisch ist, aber wenn es in »Der perfekte Liebhaber« steht, kann man wohl nichts machen. Da steht auch, dass die meisten Frauen nicht wollen, dass man ihnen ins Ohr pustet, wogegen Männer das bei sich sehr angenehm finden. Ich darf ihr also auf keinen Fall ins Ohr pusten, dafür müsste ich mir schon einen Mann suchen.

Die Grundaussage dieses Ratgebers war, dass man Phantasie braucht, weil jede Frau anders ist und es kein Rezept gibt. Es ist also ganz unsinnig, wenn man schon mal eine hat, eine andere zu wollen, das ist, als würde man dauernd das Betriebssystem wechseln. Dazu muss man schon ein ziemlicher Computerfreak sein, wenn man sich die Arbeit freiwillig aufhalst.

Lange halte ich das nicht mehr aus, mit meinen nackten Fesseln. À propos »fesseln«, aber das würde jetzt den Rahmen sprengen ... Und ich kann mir auch nicht dauernd durch die Haare streichen, damit sie im entscheidenden Moment perfekt sitzen. Die werden davon irgendwann fettig. Und ich selbst werde von Minute zu Minute älter und unattraktiver. Obwohl man ja andererseits auch an Attraktivität gewinnt im Alter durch das wachsende Charisma. Vielleicht ist das so ein Nullsummenspiel, und man bleibt im Endeffekt immer gleich attraktiv?

Ich kann mir ja in der Zwischenzeit schon mal mein nächstes Kompliment für sie überlegen. Wird schon irgendwie hinkommen. Es ist ja nicht leicht, seine Komplimente zu variieren, damit sie nicht abgegriffen klingen. Da fällt mir wieder was von Roland Barthes ein, ich glaube aus Abschnitt 4 vom Absatz »Anbetungswürdig«: »Anbetungswürdig ist die flüchtige Spur einer Müdigkeit der Sprache. Von Wort zu Wort mühe ich mich ab, von meinem Bild das Gleiche anders zu sagen [...], was letztlich nur darauf hinauslaufen kann, die Tautologie anzuerkennen. Anbetungswürdig ist, was anbetungswürdig ist. Anders ausgedrückt: ich bete dich an, weil du anbetungswürdig bist, ich liebe dich, weil ich dich liebe. Die Beschreibung der Faszination kann, *letzten Endes*, nie über die Aussage ›Ich bin fasziniert‹ hinausgehen.«

Ups? Das ist sie jetzt aber, oder? Unfassbar! Genau so sieht sie aus. Jetzt erinnere ich mich wieder, obwohl ich es gar nicht vergessen hatte. Ich bin fasziniert ...

Wie lang muss eine gute Erzählung sein? »Kaiser Quinlang baute eine goldene Pagode für das Haar, das seiner Mutter beim Kämmen ausfiel.« Jedes weitere Wort wäre schon zuviel! »Ein Blauwal nimmt vor dem Sex zwei Kilometer Anlauf.« Auch dieser Roman braucht sich vor anderen seines Genres nicht zu verstecken. »Roger Federer stellt seine Sporttasche neuerdings auf die Bank, nicht mehr auf ein danebenliegendes Handtuch.« Ich sammele solche interessanten Fakten und notiere sie in meinem Tagebuch, zwischen uninteressanten Fakten über mein Gefühlsleben. »Wer kurze Schritte macht, ist als Kind häufiger an der Seite der Mutter als an der des Vaters gegangen.« Was für ein bewegender Text! Und nur einen Satz lang! »2008 ist der älteste Deutsche und letzte Veteran des Ersten Weltkriegs an den Folgen einer Darm-OP gestorben.« Hätten sie nicht besser aufpassen können beim ältesten Deutschen? Sofort will man mehr wissen. Viele Romane scheinen mir weniger als die Summe ihrer Teile, die ich mir mühsam aus ihnen heraussuchen muss. Man braucht nicht immer das Ganze, ich habe zum Beispiel kein Haus, besitze aber eine sehr schöne Türklinke, den Rest kann ich mir auch denken. Und man weiß nie, was an den eigenen Aufzeichnungen für die Zukunft noch von Interesse sein wird. Archilochos gilt nur deshalb als erster europäischer Dichter, dessen Lebenszeit wir zuverlässig eingrenzen können, weil er in einem Text eine Sonnenfinsternis erwähnt hat, die sich auf den Tag genau datieren lässt. Sollte ich deshalb erwähnen, dass, von der Öffentlichkeit unbemerkt, die Überraschungseihülsen neuerdings einen aufklappbaren Deckel haben? Wer wäre ich, zu entscheiden, was an meinem Leben interessant ist? Ich öffne Arzneimittelpackungen immer zuerst auf der falschen Seite, wo man die Tabletten nicht rausnehmen kann, weil dort die Anleitung im Weg ist. Man muss das nicht aufschreiben, aber ich tue es vorsichtshalber trotzdem. Auch dass es von Michael Schanze die CD »16 Lieder für mehr Sicherheit im Straßenverkehr« gibt, ist für die wenigsten ein schillernder Fakt, wohl aber für die vielen überfahrenen Kinder, deren Eltern zu geizig waren, ihnen diese CD zu kaufen. Interessanter als die Dinge, die ich weiß, sind eigentlich nur noch die, die ich nicht weiß. Wäre Helmut Schmidt, wenn er nicht so viel rauchen würde, jetzt schon 100? Ist Sonnencreme ungesund, wenn keine Sonne scheint? Wo steht das kleinste Hochhaus der Welt? Gibt es eine Methode, herauszufinden, ob sich meine Waschmaschine beim Schleudern wirklich 1000 Mal in der Minute dreht? Warum muss ich bei über unseren Köpfen kreisenden Hubschraubern immer denken, sie suchten mich? Leider fällt es mir noch schwer, den Raum zwischen solchen Gedanken, mit dem zu füllen, was Leser von einem Roman erwarten. Eines Tages werde ich ein Buch schreiben, in dem dauernd etwas passiert, aber nichts Interessantes steht, doch so weit bin ich noch nicht, es macht mir noch zu viel Spaß zu berichten, dass U-Bahnen eisenbahnrechtlich Straßenbahnen sind. Nicht so viel Spaß, wie wenn wir als Kinder beim Trinken aus unseren gepunkteten Plastetassen im Tee unser eigenes Spiegelbild betrachteten, aber mehr Spaß, als an meinem neuen Roman zu arbeiten. Wenn ich das leugnen wollte, müsste ich lügen!

1.

Ich krieg einen Kopf, sagte meine Mutter, die vor jeder Reise Migräne bekam, als sie die Vorhänge zur Seite zog und die Sonne warme Muster auf den roten Teppich zeichnete. Ich stieg vorsichtig in die Badewanne, aus Angst zu fallen und mir das Genick zu brechen, wie es anderen Kindern passiert sein sollte, die den Rest ihres Lebens im Rollstuhl sitzen mussten. Vor der Abfahrt war aus dem Wohnzimmer zu hören, wie meine Eltern sich stritten, weil mein Vater etwas suchte. Später warteten wir schweigend im von der Sonne aufgeheizten Auto auf ihn. Es roch nach Luftmatratze, jeder hatte ein Gepäckstück auf den Knien, in alle Lücken waren Beutel und Taschen gestopft, nur vor der Rückscheibe musste ein Spalt frei bleiben. Wir sollten still sein, um den Vater nicht noch mehr zu reizen, *sonst fährt er uns an einen Baum,* ein Ende, das jedem Ausflug drohte. Wir hatten auf der Autobahn Unfälle erlebt, wenn der Verkehr plötzlich von Polizisten geleitet wurde und man schon von Weitem eine Familie mit hängenden Köpfen am Straßenrand sitzen sah. Worüber hatten sie sich gestritten? Im Schritttempo fuhren wir an der Szene vorbei und sollten uns ducken, um dem Schrecken auszuweichen, aber es nahm ihm nichts von seiner Macht, wenn man ihn sich nur vorstellte.

2.

Hohe Bäume, deren Kronen sich in der Mitte berührten, säumten die Chaussee, auf ihre Stämme waren weiße Rechtecke gemalt, damit man sie im Dunkeln sah. Im Winter wehte der Schnee von den Feldern auf die Straße, lange Reihen von Holzbarrieren sollten das verhindern. Während mir von der Benzinluft schlecht wurde und ich meine rote Kotzschüssel umklammerte, stellte ich mir die Toten vor, die in den letzten Kriegswochen von hier bis Seelow gehangen hatten.

3.

Wenn unterwegs die rote Lampe in der Armatur aufleuchtete, mussten wir wieder still sein, weil der Vater nervös wurde. Er öffnete die Motorhaube, und wir hofften, er würde eine Lösung finden, wer, wenn nicht er? Damit wir beschäftigt waren, bekamen wir hartgekochte Eier mit brauner Schale, in Silberfolie war etwas Salz eingewickelt, ein Kanister Wasser zum Händewaschen stand im Kofferraum bereit. Später hielten wir noch einmal, weil vor uns eine endlose Kolonne LKWs aus einem Waldweg auf die Straße bog. *Die Russen*, sagte mein Vater. Noch lange nachdem der letzte LKW verschwunden war, warteten wir, dass der Nebel aus Abgasen sich lichtete.

4.

Seit Wochen hatten wir den Tachometer beobachtet und dem Moment entgegengefiebert, wenn sich die vier letzten Ziffern gleichzeitig drehen würden. *Jetzt sind wir einmal um die Erde*, sagte mein Vater, als endlich die 40.000 zu lesen war. Er fuhr etwas langsamer, damit wir die Zahl möglichst lange sehen konnten. Hätten wir das Auto am Straßenrand abgestellt, um diesen vollkommenen Anblick nicht zu zerstören, ich wäre ohne zu murren zu Fuß weitergegangen.

5.

Bei der Ankunft auf dem Dorf torkelte ich aus dem Auto, noch benommen von der Fahrt. Trotzdem beeilte ich mich, im Haus als Erster das Buch über die Abenteuer von Jacques Cousteau und

seinem Schiff, der Calypso, zu finden. Wer es erobert hatte, ver-
teidigte es mit allen Kräften. Wir kämpften, bis ich auf meinem
Bruder saß und seine Arme mit den Knien fixierte. Er lief rot an
und schrie, *Ich bring dich um!* Ich musste ihn mit meinem Rück-
zug überraschen, flüchtete in Panik und sperrte mich in der
Dachkammer ein, noch lange hämmerte er wie rasend gegen
die Tür.

6.

In der Kammer roch es nach Holz und Nachttopf, die Decke
gab an manchen Stellen nach und senkte sich bis über die Betten. Zwischen den Fenstern zerfielen Fliegen und Nachtfalter
zu Staub. Nach dem Winter, in dem hier oben niemand schlief,
weil es keine Heizung gab, fand man tote Hornissen zwischen
den Daunendecken. Am Türrahmen hatten sich Sommergäste
aus vergangenen Jahren verewigt, es gab Eintragungen von Ver-
wandten aus einer Zeit, als sie in meinem Alter waren.

Der Bericht von einer Expedition zum Titicaca-See, wo Indios
auf schwimmenden Strohinseln lebten. Ein Taucher kroch von
unten durch den Boden einer der Inseln, durch die Kloake der
Jahrhunderte, die sich hier gesammelt hatte, bis er mitten im
Dorf stand, mit einem schwarzen Taucheranzug bekleidet und
einer gelben Sauerstoffflasche auf dem Rücken, die Indios hielten ihn für den Teufel.

Während ich las, hörte ich vom Hof Stimmen und das Klappern von Geschirr, es war Kaffeezeit, wenn ich es bis unter die
Großen schaffte, wäre ich vor meinem Bruder sicher.

7.

Klara war gekommen, Frau Tatziets beste Freundin. Zwar sahen
sie sich selten, aber man erfuhr alles Neue, wenn man in der
Kaufhalle den Richtigen traf. Zur Sicherheit rief Klara jeden

Dienstag um sechs bei Frau Tatziet an, die deshalb schon den ganzen Tag über aufgeregt war, weil sie sich etwas zum Erzählen im Kopf zurechtlegen musste, *Wie die Russen alle Frauen auf den LKW gejagt haben und wir dachten, wir kommen nicht wieder, aber dann mussten wir nur rechts der Oder Kartoffeln buddeln, richtige Fischweiber waren dabei, die hatten gar keinen Respekt vor den jungen Soldaten, und Frieda Hutsch versinkt mit ihren zu großen Schuhen im Acker und sagt: Wie ick mir auch dreh, meine Latschen kieken immer nach de Heimat ...*

8.

Vor dem Krieg waren sie in dieselbe Klasse gegangen, damals schwärmten alle Mädchen für Heinz Rühmann, von dem sie im Klassenschrank ein Bild aufgehängt hatten, dem man hinter dem Rücken von Tabellen-Orje, dem Lateinlehrer, heimlich Kusshände zuwarf, wenn man an der Tafel stand. Nur eine hatte stattdessen für Tabellen-Orje geschwärmt, so sehr, dass sie seine Unterschrift ausschnitt und aufaß. Sie wusste nicht wohin mit ihren Gefühlen.

9.

Klara lebte allein, weil ihr Mann sie mehr oder weniger verlassen hatte. Alle hatten sie vor ihm gewarnt. Nicht weil er wie Heinz Rühmann ausgesehen hätte, sondern weil er aus Berlin war und noch dazu von der Bahn. Lange hielt er es bei ihr nicht aus, immer mit der Bahnermütze rumzulaufen, war nur ein schwacher Trost. Außerdem war ihm Paulchen nicht geheuer, Klaras behinderter Sohn. Er behauptete, der sei vom Russen. Er wollte nach Berlin und sie hing an der Natur, sie gab ja den Bäumen Namen und sprach mit ihnen, wenn sie jeden Abend in ihrem guten Kleid über den Deich spazierte, wie eine Gräfin. Als Fritze Arbeit in der Stadt fand, pendelte er eine Weile, und als die Mauer gebaut wurde, blieb er eben drüben. Später schickte er Fotos von sich und seiner Neuen an Klara, für ihn hatte sich der Zustand normalisiert.

10.

Wenn wir Klara besuchten, mussten wir ihr helfen, Kartoffelkäfer zu sammeln. Angeblich hatten sie ein zweites Rückgrat, zertrat man sie, erholten sie sich wieder, deshalb steckte Klara sie in ein Einweckglas, wo sich schon Hunderte von ihnen drängten und ihren Tod selbst besorgen mussten.

Zur Belohnung für unsere Hilfe durften wir uns die Fotoalben angucken mit den Bildern von Fritze, auf denen es aussah, als hätte er nur noch einen Arm, weil Klara überall die neue Frau an seiner Seite weggeschnitten hatte. Ich dachte, einen Arm zu verlieren sei Gottes Strafe dafür, seine Frau zu verlassen. Deshalb erschrak ich, als mir eines Tages auffiel, dass auch Herrn Tatziet ein Arm fehlte, den leeren Ärmel steckte er immer sorgfältig in die Tasche des Jacketts. War er auch einer Frau weggelaufen? Eine russische Ärztin hatte ihm den Arm operiert. Die Erwachsenen fuhren einem über den Mund, wenn man danach fragte, als sei Herr Tatziet der Einzige, der noch nicht bemerkt hatte, dass ihm ein Arm fehlte.

11.

Den Tisch auf der Veranda schmückte eine blaue Wachsdecke, *Chic charmant und dauerhaft* hieß es, wenn man sich setzte. Ob eine Wachsdecke einem beim Wachsen half? *Ich hab so kurze Beine*, sagte meine Mutter und nahm freiwillig an dem Ende des Tischs Platz, wo man sich immer das Knie stieß. Herr Wanski hatte den Tisch einmal repariert, *Mach es gleich richtig*, war seine Devise, aber er konnte nicht aufhören, sodass er immer ein bisschen zu viel machte, bis nichts mehr funktionierte. Die neue Tür vom Hühnerstall hatte er so gut gezimmert, dass Frau Tatziet sie angelehnt ließ, weil sie die Klinke sonst nicht wieder aufbekam.

In einer grünen Flasche über unseren Köpfen verwesten Schichten toter Wespen im Sirup. Ein paar Tiere kämpften noch, konnten sich aber nicht mehr aus der Flüssigkeit lösen, während eine Wespe von innen gegen das Glas flog. Durch den Flaschenhals kroch schon das nächste Opfer, es hörte nicht, was sich drinnen abspielte, oder die Wespen lockten es im Todeskampf oder die Gier auf den Sirup war so groß, dass es ein qualvolles Ende in Kauf nahm, oder so ein Ende war gar nicht qualvoll.

Nach dem Kaffee, bei dem Herr Tatziet wie üblich geschwiegen hatte, gab er eine seiner Überlegungen zum Besten. Alle hörten aufmerksam zu, weil jeder ihn gern mit einer anregenden Bemerkung erfreut hätte. Heute sollten wir uns eine Reihe von Menschen vorstellen, hintereinander stehend, Generation für Generation. Mit nur 40 Menschen, die von hier bis zur anderen Wand der Stube Platz fänden, wäre man schon bei Jesus angekommen.

12.

Dann horchte jemand auf, weil er meinte, ein Auto gehört zu haben. Alle verstummten, tatsächlich klopfte es an die Stubentür und neuer Besuch trat ein, Verwandte aus dem Westen. Wir rannten sofort hinaus und halfen beim Tragen des Gepäcks, vielleicht fiel ja etwas für uns ab. Sie hatten Blitzlichter, die man in der Steckdose auflud, weiße Luftschokolade, Digitaluhren, die die Zeit rückwärts zählten, wasserdichte Jacken mit abnehmbaren Kapuzen, Filzstifte, die auf Plaste schrieben, Allzweckklebstoff für jedes Material und handliche Taschenlampen, die mächtige Lichtsäulen in die Dunkelheit bohrten. Ihre ganze Ausrüstung war platzsparend, haltbar und mit praktischen Zusatzfunktionen versehen. Mir fiel ein Band »Tim und Struppi« in die Hände, der ihren Kindern gehörte. Augenblicklich war ich hypnotisiert von der Welt dieses kleinen Reporters, der nie älter wurde, um den ganzen Globus reiste und sich nie verliebte. Der Besuch bekam ein schlechtes Gewissen, weil ich die Stube nicht mehr verließ, *Geh doch mal raus, die Sonne scheint*, hieß es, aber dafür war es jetzt zu spät. Selbst wenn sie nicht echt gewesen wäre, hätte ich ihnen meine rettungslose Abhängigkeit von »Tim und Struppi« vorgespielt, um ihnen keine Wahl zu lassen. Sie durften das Buch nicht wieder mitnehmen, ebenso gut hätte man einem Komapatienten den Strom abschalten können.

13.

Schließlich musste ich doch rausgehen, weil wir Wanskis besuchen fuhren. Frau Wanski war das Hausmädchen meiner Großmutter gewesen, mit deren Kindern sie in den letzten Kriegsmonaten zu Fuß von Frankfurt nach Dresden gelaufen war, wo eine Tante wohnte, sie kamen noch rechtzeitig, um die Stadt von Weitem brennen zu sehen. Für meinen Onkel war diese Reise ein Abenteuer, seine Mutter hatte ihm einen Beutel aus bunten Indio-Stoffen genäht, die noch aus ihrer Zeit in Bolivien stammten, wo sie ein paar Jahre mit meinem Großvater gelebt hatte, der dort für seine Firma bei den Indios Einkäufe machte. Er arbeitete für eine Stärkefabrik, sie forschten an einem Pudding ohne Pelle, wäre der Krieg nicht ausgebrochen und die Fabrik zerstört worden, es hätte diese segensreiche Speise längst gegeben. Mir wurde schlecht von Pelle, genau wie vom süßlichen Geruch, der hier an manchen Tagen in der Luft lag, *In der LPG werden wieder Kuhknochen verbrannt.*

In Wanskis Straße versuchten verzweifelte Hunde, sich durch den Spalt unter den eisernen Toreinfahrten zu quälen, sie waren ganz krank vor Verlangen, einem nachzusetzen. Wanskis Hund war im Hof an einem Strick festgemacht und sehnte sich nach Zuwendung. Der Boden lag voll von kleinen Äpfeln, die wir ihm zuschossen, er fing sie mit dem Maul. Immer wieder riss ihn der Strick mitten im Sprung zurück, sodass er sich überschlug und im Eifer fast erdrosselte. Aber er hätte nie von selbst aufgehört, er schien nichts mehr zu fürchten, als wieder allein zu sein.

Frau Wanski zeigte uns die kleinen Gänse, deren Herz wie wild pochte, wenn man sie aufhob, dabei hatte ihnen noch niemand etwas getan. Aber die Natur hatte ihnen eine Angst mitgegeben, die so groß war, dass sie einem in die Hände schissen als Lohn für die Zärtlichkeit.

Wenn Herr Wanski mich begrüßte, verstand ich kein Wort, weil er mit seiner tiefen Stimme das »R« so ungewöhnlich rollte. Er hatte kräftiges, graues Bürstenhaar und lange, gelbe Zähne. Seine Hand fühlte sich an wie die Pranke von einem Tier, die Haut war dick und rissig. *Jetzt biste wieder 'n Jahr älter, jetzt kannste wieder watt mehr machen.*

Frau Wanskis Rücken war krumm von der Feldarbeit, ihre Hände dienten ihr als ein zweites Paar Beine, mit dem sie sich an den Möbeln entlang hangelte. Ich graulte mich davor, die Stube zu betreten, wo ihre halb blinde Tochter saß, die sehr dick war, weil sie nicht laufen konnte. Frau Wanski wuchtete sie stöhnend an den Esstisch, wo wir ihr die Hand gaben. Birgit habe bei der großen Gala zum Stadtjubiläum, wo Herr Wanski wieder als Walther von der Vogelweide durchs Programm geführt hatte, immer an der richtigen Stelle geklatscht, dann hätten die anderen auch alle geklatscht und die Gala wäre ein voller Erfolg geworden. Ein besseres Publikum konnte man sich nicht wünschen.

Wir brachten Birgit leere Überraschungseihülsen mit, die sie so gerne auf- und zustöpselte, wenn sie am Tisch saß und Musik hörte. Sie liebte Frank Schöbel, von dem ihr meine Mutter immer die neueste Platte schenkte. Wenn Birgit einen schlechten Tag hatte, gab es nichts, was besser half. Man hätte meinen können, Schlager seien dazu da, Geschöpfe wie sie zu beruhigen.

14.

Herr Wanski erzählte vom Kriegsende, *Es hat immer geheißen: Der Russe wird vor Berlin verbluten.* Der Kirchenälteste hatte seine Frau vor der Vergewaltigung retten wollen und ihr im Stall einen Weg durch die Pferde gebahnt, als die Russen einbrachen. Ein Pferd erschrak, er durfte es nicht anrufen und ist an einem Hufschlag gestorben. Wanskis waren rechtzeitig geflüchtet. Ihr Treck war bis Kummer gekommen, nordwestlich von Berlin. Unterwegs liefen die Kühe und Rinder auf verminte Panzersperren, alles flog in die Luft und Soldaten holten sich das Fleisch. Der Wagen von damals stand immer noch in der Scheune, wir hatten oft damit gespielt.

Ihr Pfarrer gehörte zur Bekennenden Kirche, dass er als Major an die Ostfront musste, rettete ihn. Aber zum Kriegsende geriet er in den Kessel von Halbe und kam fünf Jahre in russische Gefangenschaft. In seiner Abwesenheit hatten sie eine junge Vikarin, die unvergessen war. Die Bauern mussten sie bitten, gegen die Vorschrift einen Talar zu tragen, weil sie bei Beerdigungen im kalten Winter beim Anblick ihres dünnen Kleids selbst froren. Im Nachkriegssommer brach Typhus aus, Fliegenschwärme bedeckten die Felder, die Vikarin starb. Überall standen noch ausgebrannte Panzer, aus denen die Toten mit Mistgabeln gekratzt wurden. Beim Pflügen zog Herr Wanski am Feldrain eine Zeltplane aus der Erde, in die ein toter Soldat gewickelt war.

Von einem Mann war die Rede, der sich das Leben nehmen wollte vor den Augen seiner Frau, die versuchte ihn zurückzuhalten, er erschoss und erhängte sich zugleich. Drei Jahre hatte er ein Verhältnis gehabt, seine letzten Worte waren, dass seine Ge-

liebte dreimal von ihm schwanger gewesen sei. Seine Frau wollte ihm alles verzeihen, er solle an die Kinder denken, aber er war
nicht zu halten. Seine alte Mutter sagte am Grab, *Nun brauche ich
mich wenigstens nicht mehr zu grämen.*

15.

Auf dem Rückweg besuchten wir Müllers, um den Garten zu bewundern, den Herr Müller vor Jahren angelegt hatte und mit
Pflanzen von seinen Dienstreisen veredelte. Er hatte mit der Arbeit daran nach dem Tod seines kleinen Sohns begonnen. Inzwischen war ein Meisterwerk in der märkischen Landschaft ent-
standen, mit abgezirkelten Kieswegen, die sich in einer großen
Sonnenuhr trafen.

Was willst du denn später mal werden?, fragte mich Frau Müller,
und mir wurde mulmig bei dem Gedanken, etwas werden zu
müssen. Sie sah mich immer besonders freundlich, aber auch be-
unruhigend eindringlich an, weil ich im Alter ihres Sohns war,
als wäre ich seit seinem Tod auch ein bisschen ihr Kind.

Auch sie hatten einen Hund, der in einem so engen Zwinger
lebte, dass der Platz nicht reichte, um Anlauf zu nehmen, weshalb er eine Technik entwickelt hatte, mit vier Beinen gleichzeitig abzuspringen, sodass er senkrecht in die Höhe schnellte, bis
er über den Rand sehen konnte, aber von dort ging es nur wieder nach unten.

Müllers hatten Herrn Tatziet bei der Krankenkasse ein Lese-
gerät besorgt, das wir für ihn mitnahmen. Seine Augen waren
schon so schlecht, dass er nicht mehr im Griechisch-Wörterbuch
nachschlagen konnte. Er freute sich so über das kostbare Gerät,
dass er es sofort in sein Arbeitszimmer tragen ließ und nie an-
rührte, um es nicht zu beschädigen.

Später gingen wir zur Badestelle, die früher »Germanenbad« genannt worden war. Wenn jemand im Sand ein Stück Metall entdeckte, wurde Herr Tatziet streng, wir durften es nicht berühren, es hätte Munition sein können.

Mein Vater hatte eine leere Kaffeedose aus einem Westpaket mit Wachs abgedichtet und mir mit einem Stück Armee-Tarnnetz auf den Rücken gebunden, so übte ich schwimmen, aber mein eigentliches Ziel war es immer, zu tauchen. Die Dorfkinder sprangen mit Anlauf von einer Böschung ins Wasser, den Kopf zuerst, die Arme hinter dem Rücken verschränkt, Matrosensprung. Uns war das verboten worden, sonst würde es uns wie dem Jungen gehen, an dessen Haus wir auf dem Weg zum Baden vorbeikamen. Er saß immer auf der Veranda im Rollstuhl, auch ihn mussten wir grüßen, er konnte aber nicht zurückgrüßen, weil er bis zum Hals gelähmt war, seit er als Kind an der Badestelle einen Kopfsprung gemacht hatte und nicht mehr aufgetaucht war. Frau Tatziet hatte ihn aus dem Wasser gezogen und fragte sich manchmal, ob sie ihm damit einen Gefallen getan hatte.

Der Strom war die Staatsgrenze, hier und da sah man schwarzrot-goldene Grenzpfähle. Wir versteckten uns in alten Bombentrichtern vor den Soldaten, die wir in den Büschen jenseits des Wassers vermuteten, von wo sie mit Ferngläsern jede unserer Bewegungen beobachteten.

Einmal hatte sich zu Silvester ein Lebensmüder in der nächsten Stadt von einer Brücke gestürzt und war auf einer Eisscholle gelandet. Der Schock hatte gereicht, um ihn von seinem Vorhaben abzubringen. Neun Kilometer trieb er stromabwärts, bis er hier von der Freiwilligen Feuerwehr herausgefischt wurde. *Das nächste Mal zielst du besser*, war das Erste, was sein Retter zu ihm sagte.

Zurück vom Baden nahmen wir den Weg über die Hänge, auf denen es noch Reste deutscher Stellungen gab. Der Blick reichte weit über die Oder nach Polen, von wo damals die Russen gekommen waren, wie ein feindlicher Indianerstamm. Ich war mir sicher, ich wäre weggerannt. Hinter Absperrungen blühten im Frühjahr Adonisröschen, *Die stehen unter Naturschutz*, ein Schild mit einer Eule war der Beweis. Als Adonis von einem wilden Eber tödlich verwundet wurde, versprach Venus dem Sterbenden, er werde in Erinnerung bleiben, und ließ an den Stellen, auf die sein Blut tropfte, Blumen wachsen.

18.

Abends warf ich Schnecken zu den Hühnern und verfolgte ihren Wettlauf um die Beute. Ich machte den Hahn nach, bis er sich aufplusterte und krähte, aber Herr Tatziet nahm mich streng zur Seite, ein Hahn könne sterben, sagte er, an gekränktem Stolz.

Als die Hühner im Stall waren, grub ich, um mich beliebt zu machen, den Boden um. Die Erde war locker, man kam schnell vorwärts, ich stieß auf immer mehr Knochen, die Tiere lebten auf ihrem eigenen Friedhof. Ich hatte einmal gesehen, wie ein Huhn abends in einer Kuhle liegenblieb und den anderen nicht in den Stall folgte. Frau Tatziet trug es in den Garten, von wo man zwei dumpfe Axthiebe hörte, die das Huhn erlösten. Seine Schwestern vermissten es nicht.

19.

Zum Abendbrot gab es Milch aus Flaschen, in denen eine dicke Fettschicht schwamm. Wenn man zwei Löcher in den Aludeckel stach, hatte man ein Sieb. Ein Landkind sah unsere Bemühungen, die Flasche sorgfältig zu präparieren, riss sie uns ungeduldig aus der Hand, drückte den Deckel mit dem Daumen ein und goss sich furchtlos die Milch mitsamt dem Fett in den Becher. Diese Kinder kannten weder Angst noch Ekel.

20.

Nachdem wir gefragt hatten, ob wir vom Tisch aufstehen durften, und endlich wieder draußen waren, spielten wir die Gespräche der Erwachsenen nach, einer steckte sich einen leeren Ärmel in die Tasche und sagte wie Herr Tatziet *Schön, schön*, ein anderer ahmte Herrn Koschicks Art nach, bei jedem Satz die Lippen zu runden, als wolle er ein Pferd beruhigen. Herr Koschick war mit seinem Fahrrad gekommen, dessen Sattel er verkehrt herum montiert hatte, um seiner Männlichkeit nicht zu schaden. Beim Abendbrot hatte er einen neuen Text zu erzählen, den Bericht von seinem letzten Krankenhausaufenthalt, *Ick hab da mein Schketsch jemacht, hat jut jeklappt, Schwester Monika mit de Schnapsgläser ... Die Ärzte waren ja böse, weil ick die Operation abjelehnt habe ... Ick sag, 'n Arzt kann och 'n Fehler machen ... der Dings war acht Tage später och tot ... Ick lag nur bei ihm uffm Kanapé ... Denn ist er mit mir hin- und herjekullert, mal so, mal so: Naja, sagt er, also die Sache ist so: Es ist nicht schlechter geworden, aber auch nicht besser ... Denn nehm wa ditt mal so, wies is ... Im Krankenhaus war ick jut uffjehoben ... Ditt war, wie in der Ukraine im Lazarett ... Mensch, dit war 'ne Behandlung, wie bei Muttern ... Nachher kriegten wir 'n Beutedeutschen ... Der hat sein Essen immer um sich rum verteilt ... Der hat sich das dann bei uns abjeguckt, wie man richtig isst ... Denn ham die Schwestern bald jeweent, wie wa abjehaun sind ... Zwei Enkel, die könnten schon heiraten, aber der eene hat jesagt, er hat keene Zeit für Frauen, und der andere hat umso mehr ... Jetzt hat er ja eine, die wär wat fürt Leben, die davor konnt man nich ansprechen, die war so hochnäsig ... Naja, sollense machen ...*

21.

Der Griff des Badezimmerschlüssels hatte sich durch die Hände der Gäste in den Jahren verbogen und der Form von Daumen und Zeigefinger angepasst. Wir durften nicht spülen, weil die Jauchegrube mühsam ausgepumpt werden musste, man schüttete nur etwas Wasser aus einem kleinen Aluminiumtopf ins Klo. Zum Zähneputzen benutzten wir heimlich die Zahnpasta der Westbesucher, um auch so weiße Zähne zu bekommen wie sie. Ihre Tuben konnte man aufrecht hinstellen, auf Knopfdruck erschien bunt gestreifte Zahnpasta, die wie Kaugummi schmeckte. Nicht nur wir Kinder waren davon fasziniert, sondern auch die anderen Hausgäste, sodass sich die Westzahnpasta schneller als berechnet leerte.

22.

Im Bett las ich »Die Steinzeitkinder«, ein altes Kinderbuch, das schon ganz fleckig war. *Angezogen war man schnell / jeder trug ja nur ein Fell.* Die beiden Geschwister kannten keine Sorgen, nur manchmal mussten sie vor einer Herde Rinder flüchten, aber eine Leiter, die ihr Vater gebaut hatte, führte auf einen Berg, wo die Familie in Sicherheit war.

23.

Nachts hörten wir über unseren Köpfen die Marder im Gebälk rumoren. Ich dachte an das Dorfmädchen, das sich beim Baden einen Marienkäfer in den Mund gesteckt hatte, *Ich habe euch zum Fressen gern.* Ich zählte die Tage, die bis zur Abfahrt blieben, es wurden immer weniger, aber man konnte sich das Ende noch nicht vorstellen. Ich überlegte, ob ich mir heimlich die Wachsdecke holen sollte, um mich darin einzuwickeln. Wenn ich groß wäre, könnte ich machen, was ich wollte, und für immer hier bleiben.

24.

Als ich aufwachte, hatte die Oder einen Rekordstand erreicht
und die Deiche drohten zu brechen. Plötzlich hatte die Armee
eine Aufgabe, alle lobten die Soldaten für ihre Bereitschaft, Sand-
säcke zu schleppen, als wäre das eine zu niedere Tätigkeit für jemanden gewesen, der dazu ausgebildet war, tote Kameraden zu
bergen. Zeitzeugen erinnerten sich an das Jahr '47, als die Deiche das letzte Mal nachgegeben hatten und bei der Evakuierung
des Oderbruchs niemand in die russischen LKWs steigen wollte
aus Angst, man würde verschleppt.

25.

Klara ging wie jeden Abend auf dem Deich spazieren und drohte
den Wassermassen mit dem Stock. Schließlich musste sie aber
doch ihr Haus verlassen und zog mit Paulchen zu Frau Tatziet,
die so weit oben wohnte, dass kein Hochwasser hinkam, jedenfalls keins, vor dem es irgendeine Rettung gab, höchstens mal
ein Rohrbruch, den der Klempner von nebenan flicken kam, *Bei
Nachbars kommt man gleich und nimmt kein Geld.*

Paulchen war nervös in der fremden Umgebung und nur mit
Holzhacken zu beruhigen. Er machte sich über die Faltboote her,
die der verstorbene Herr Tatziet seit seiner Jugend gebaut hatte,
die alten Kaninchenställe, die er so konstruiert hatte, dass er sie
mit einer Hand öffnen konnte, die Vogelscheuchen, die alle ein
bisschen wie Selbstporträts wirkten, die vielen gescheiterten Versuche, ein Perpetuum mobile zu bauen. Am Ende zerhackte Paulchen Herrn Tatziets Bienenhaus, das wir als Kinder nie hatten
betreten dürfen. Nur zwei Kästen blieben verschont. Aus alter
Treue waren dort wieder Völker eingezogen, obwohl sich niemand mehr um sie kümmerte.

Das ist ein Roman, sagte Frau Tatziet später zu mir, *das musst du aufschreiben,* ein Satz, den ich hasste, weil er so klang, als müsste die Literatur von der Wirklichkeit lernen. Etwas Außerordentliches war passiert, Klara hatte es schon oft erzählt, aber es machte ihr immer noch Spaß, und da sie das Hochwasser abwarten musste, gönnte sie sich eine besonders ausführliche Version in ihrer eigenartigen Diktion, denn sie hatte noch das Oderbruchplatt ihrer Großmutter im Repertoire, Sprachforscher hätten einen niederdeutschen Einschlag bemerkt, von holländischen Siedlern. 40 Jahre hatte Klara kaum etwas von ihrem Fritze gehört, bis auf die gedankenlos ausgewählten Fotos und die Weihnachtspäckchen mit Orangeat und Schokoladenstreuseln. Aber nach dem Mauerfall war er ihr eines Tages wieder angeliefert worden, direkt aus einem Pflegeheim, weil er bei ihr sterben wollte.

27

Paulchen hatte ihn natürlich nicht erkannt und war unruhig geworden, weil seine Ordnung gestört war. Und Fritze nahm ihm in seiner Verwirrtheit immer die Hausschuhe weg. Paulchen brauchte aber seine Ordnung, sonst würde er den Fritze noch ins Wasser werfen, wie Klara meinte, und es würde tatsächlich überschwappen. Deshalb war Klara Frau Tatziet besuchen gekommen, sie wollte sich die Hausschuhe des verstorbenen Herrn Tatziet borgen. Bergauf schob sie das Fahrrad.

Hätte ich daraus einen Roman gemacht, hätte ich erzählt, wie ausgerechnet Paulchen Fritzes Tod nicht verkraftete. Ich hätte behauptet, dass Klara nicht mehr fertig wurde mit ihm und Angst bekam, er würde nachts losziehen und ein Loch in den Deich hacken.

Hilfe hätte ich von Herrn Wanski kommen lassen, der ja Zeit hatte, seit die LPG abgewickelt worden war. Damals hatten ihn die FDJler bis in den Stall verfolgt, um ihn zur Unterschrift zu drängen, und jetzt wollte man ihn nicht mehr. Eine Zeitlang hatte er eine ABM-Stelle, bei der er auf den Feldern in die Hände klatschen musste, um die Saatkrähen zu verscheuchen, dann war es ganz vorbei.

Bei mir hätte er Paulchen Birgits alte Frank-Schöbel-Platten mitgebracht, die er nicht mehr brauchte, weil seine Tochter ums Leben gekommen war, als es im Pflegeheim gebrannt hatte, wo sie nach dem Tod seiner Frau untergekommen war. Eine der Behinderten hatte heimlich nachts geraucht.

Herr Wanski würde Klara öfter besuchen kommen und immer länger bleiben, bis sich etwas ergab. Er machte eben immer etwas mehr als nötig.

29.

Es ist viel gebaut worden. Die Deiche hat man verstärkt, viele tote Soldaten hat man dabei ausgegraben und umgebettet, die Russen erkannte man an den Zähnen, abgenutzt vom Kauen von Sonnenblumenkernen. Weil noch Geld verbraucht werden musste, hat man den alten Postweg asphaltiert. Vorher war es ein Hohlweg gewesen mit einem Streifen Gras und zwei sandigen Rillen, in denen man verrostete Motorteile fand, Feuersteine, Pfeilspitzen, Hufeisennägel, Maisstroh, Pferdeäpfel, eine ausgetrocknete Blindschleiche, einen Flügel von einem Goldkäfer, sogar Muscheln. Bei Regen färbte sich der Sand Tropfen für Tropfen dunkel und es roch nach Heimat. Aber als »Euro-Radwanderweg« brachte der Weg mehr Touristen.

Die schicke Konsum-Kaufhalle aus meinem Geburtsjahr ist einem »Aktiv-Markt« gewichen. Bei der Tombola zur Eröffnung hatte Kassandra-Myriel Purps eine Hit-CD gewonnen, stand auf einem Zettel am Eingang. Ein Herr von der Zentrale wies das Personal ein, *Ganz oben die Männerzeitschriften und hier die Malhefte für die Kinder, alles in Augenhöhe des Kunden.* Dabei waren die Verkäuferinnen nicht dumm, sie erkannten ja schon an Frau Tatziets Portemonnaie, für wen man einkaufen kam, und ließen schön grüßen.

Tief über ihre Wagen gebeugt, die ihnen als Stütze dienten, irrten die alten Leute noch ein bisschen orientierungslos durch die Gänge und waren vom Laufband an der Kasse irritiert, *Schon wieder was Neues.* Manche hatten ja zu Hause für die zwei Sender, die sie hören, zwei Radios, damit sie nicht umschalten mussten, sie zogen einfach den Stecker.

Die Marketingtricks haben nicht gefruchtet, auch nicht, dass immer wieder umsortiert wurde, damit der Umsatz stieg. Niemand ließ sich zu spontanen Anschaffungen inspirieren, man ärgerte sich nur, weil man den Zucker und das Mehl nicht mehr fand. Tagsüber herrschte gähnende Leere in der Halle.

Sind wieder fünf Flaschen ausjeloofen, rief eine Kassiererin ihrer Kollegin im Lager zu.

Trotzdem se im Kasten waren?

Trotzdem se im Kasten waren!

30.

Ich hatte Frau Tatziet nie nach den Russen gefragt, ich konnte mir denken, dass sie nicht darüber sprechen wollte. Ihre Mutter und eine Schwester waren nach Kriegsende an Typhus gestorben und lagen unter einem Feldstein am Haus begraben, was nicht bekannt werden durfte. Warum hatte sie selbst keine Kinder? Hätte sie sonst in all den Jahren so viele Gäste aufgenommen und sie wie ihre Familie behandelt?

Von jedem Besuch fuhr ich mit der Angst nach Hause, es könnte der letzte gewesen sein. Und je älter Frau Tatziet wurde, umso mürrischer ignorierte ich jede Veränderung an ihr. Als ihre Hand gelähmt war, und sie mich abends bat, ihr die Haare hochzustecken, fühlte ich mich überfordert. Ich war gerade noch einmal in das Buch von Cousteau vertieft gewesen und hatte festgestellt, dass der Taucher, der durch das Stroh des schwimmenden Indio-Dorfs gekrochen war, von den Indios gar nicht, wie ich mich zu erinnern geglaubt hatte, für den Teufel gehalten, sondern ignoriert worden war.

Beim letzten Besuch stand von der großen Linde, die zur Geburt ihrer Schwester gepflanzt worden war und in deren Krone im Frühjahr so viele Bienen und Hummeln summten, dass man meinte, sie würden den Baum gemeinsam forttragen, nur noch ein Stumpf. Die neuen Nachbarn hatten sich über das Laub in ihrem Pool geärgert. Zwischen den Kirschbäumen auf der Straße guckten violette Plastelaternen hervor. Der Müll wurde jetzt getrennt und das Kopfsteinpflaster war Asphalt gewichen, angeblich waren die Steine nach Holland verkauft worden, jedenfalls waren die hebräischen Buchstaben nicht mehr zu sehen an der Stelle, wo einmal Grabsteine vom jüdischen Friedhof eingearbeitet worden waren. Aus einem Auto, in dem Jugendliche vorbeirasten, drang laute Technomusik. Der neue Gehweg war rot gepflastert, ich kannte das Muster aus Mannheim.

31.

Eines der Schafe lag schwer atmend auf der Wiese und kam nicht mehr auf die Beine. Es nieselte, wir mussten es auf eine Schubkarre wuchten, die Hände klebten vom Fett der nassen Wolle. Als am Abend der Schäfer kam, konnte das Schaf plötzlich wieder laufen und folgte ihm in den Garten, wo sein Grab schon ausgehoben war. Ich blieb in der Stube und scheute mich, mit anzusehen, wie es getötet wurde. Wie sollte ich über den Krieg schreiben, wenn mich schon dieser Anblick überforderte?

Am nächsten Tag führte ich das jüngere Schaf hinaus, das sein Leben in bockigem Misstrauen gegen die Menschen verbracht hatte. Angepflockt versuchte es, den Hals aus der Lederschlinge zu ziehen. Seine Augen quollen hervor, während es geräuschlos und beharrlich den Kopf hin- und herbewegte und an der Kette zerrte, als hätte es den Verstand verloren. Es war noch nie allein gewesen.

32.

Auf Frau Tatziets Begräbnisgottesdienst spielte der örtliche Posaunenchor. Nach jedem Stück rief meine Tochter in die Stille, *Alle, alle!* Ich war gebeten worden, etwas über die Verstorbene zu sagen, hatte aber nicht gewusst, wo ich anfangen sollte und befürchtet, kein Wort herauszubringen. Schließlich hatte ich es gelassen, ich konnte so etwas nicht, ich wusste nur, dass es kein anderer besser könnte.

Vielleicht ersetzten im Alter Begräbnisse nach und nach alle anderen intensiven Erfahrungen. Jeder Mensch ist ein Deich, und wenn er bricht, überschwemmt uns das Nichts. Was ich hier erlebt hatte, gab es nur noch in meinem Kopf. Ich bekam Angst, nun plötzlich doch noch erwachsen zu werden, also für immer trauriger zu sein. So wie die vielen Trauergäste, die ich seit Jahren aus Frau Tatziets Fotoalben kannte, keinen hatte das Leben fröhlicher gemacht. Langsam kippte alles und das Wichtige rutschte in die Vergangenheit. War ich jetzt selbst ein Steinzeitkind?

Wenn ich die Augen schloss, sah ich Frau Tatziet im Schaukelstuhl sitzen und erzählen, *Na, wir kommen auch von Bismarck zu den Preiselbeeren beim Quatschen, ich muss doch noch Grünzeug holen für die Schafe. Wenn ich denke, früher hatten die Kinder als einzige Belustigung, Opa Koschick beim Rasieren zuzusehen, weil der so komische Grimassen dabei machte. Oder die Nase von Herrn Wanski warf einen*

Schatten an der Wand oder wir durften uns das Quietschen anhören, wenn Vater Stroh schnitt. Und wenn das grad nicht war, dann ging man baden. Jetzt braucht man schon ein Begräbnis, damit man sich nicht langweilt.

33.

Kuckuck, sagte meine Tochter und guckte hinter einem Grabstein hervor. Ihre Eltern würden nie zusammenleben. Jeder, der behauptet, es gäbe einen Trost dafür, kein Kind mehr zu sein, lügt. Sie war zu jung, um sich an diesen Tag zu erinnern, aber wer wusste das schon, vielleicht würde das erste Bild in ihrem Gedächtnis ihr Vater sein, der neben ihr in der Kirchenbank sitzt und weint? *Alle, alle.*

Am Grab bekam ein Junge einen Schreikrampf, weil man ihm nicht erlaubte, mehr als eine Handvoll Erde in das mit Samt ausgeschlagene Loch zu werfen. Zwei Geschwister stritten sich darum, einen Kranz tragen zu dürfen, ihre Mutter musste sie trennen und hatte keine Hand mehr frei, um sich die Tränen abzuwischen. Plötzlich erschienen mir die vielen Kinder, die unseren Zug begleiteten, wie herzlose Zwerge.

34.

Vom anderen Ende des Gartens, das aber eigentlich schon das andere Ende der Welt war, führte ein steiler Weg in den Ort, früher unsere Rodelstrecke. Als Kind war ich dort einmal mit dem Schlitten mit solcher Wucht gegen einen Baum gerast, dass sich eine waagerechte Linie in die Rinde gedrückt hatte. Jedes Jahr sah ich nach und erkannte den Baum an seiner Wunde, die mit ihm wuchs, bis beide Hände hineinpassten. Es hört einfach nie auf.

Ich würde nicht mehr leben, wenn ich nicht irgendwann meine ideale Kneipe gefunden hätte, die mir an Tagen, an denen andere sich umbringen, eine Zuflucht bietet. Ich habe natürlich lange nach ihr suchen müssen, aber man darf bei der Kneipensuche nie aufgeben, man muss offen bleiben für neue Kneipen, meistens findet man die richtige, wenn man nicht mehr damit gerechnet hätte. In meiner idealen Kneipe steht in der Mitte des Raums ein Bett, das für mich reserviert ist. In jeder anderen Kneipe würde es seltsam wirken, wenn ich mich, kaum zur Tür hereingekommen, hinlegen würde, aber in meiner idealen Kneipe stört sich niemand daran. Ich ziehe mir die Decke über den Kopf und beobachte durch einen schmalen Spalt den Kneipenbetrieb. Manchmal lese ich auch ein beglückendes Buch, das jemand hier vergessen hat, oder ich träume vor mich hin und genieße die Gesellschaft.

Von Zeit zu Zeit tritt eine Kneipenbesucherin an mein Bett und streicht mir mit der Hand übers Haar, oder sie setzt sich auf die Bettkante, legt meinen Kopf in ihren Schoß und ich weine ein bisschen. Aber auch den anderen Kneipengästen ist meine Stimmung nicht gleichgültig, man merkt richtig, wie es sie bedrückt, wenn es mir nicht gut geht.

Ich muss in meiner idealen Kneipe nicht wie in anderen Kneipen beim Bestellen und beim Bezahlen lange nach dem Personal winken, das mich übersehen würde, selbst wenn ich mit einem Strick um den Hals von der Decke hängen würde, nein, in meiner idealen Kneipe tritt die Kellnerin, in seltsamer Harmonie mit meinen Wünschen, genau im richtigen Moment an mein Bett, beugt sich herab und ich flüstere ihr ins Ohr, was ich will. Dann bringt sie mir meinen Kaffee in einer Schnabeltasse, damit ich ihn im Liegen trinken kann.

In meiner idealen Kneipe läuft nur schöne Musik, alles Lieder, die ich zum ersten Mal höre und nie wieder vergessen werde. Sie stört mich nicht, wenn ich lese, und sie passt zu meiner Stimmung, ohne sie unangenehm zu verstärken, im Gegenteil, sie verleiht meiner Niedergeschlagenheit etwas Schönes, das ich genießen kann. Wenn mir die Musik zu laut wird, werfe ich mich ein paarmal unruhig im Bett hin und her, und sofort sagen die Kneipengäste der Kellnerin Bescheid. Auch die Gespräche werden dann leiser geführt und alle bemühen sich, nicht so zu klappern.

Ich kann in meiner idealen Kneipe so lange bleiben, wie ich will, eine ganze Woche, es würde niemanden befremden. Wenn ich morgens auf die Toilette gehe, wird in der Zwischenzeit die Bettwäsche gewechselt. Es wird nie langweilig, weil jeden Tag andere Kneipengäste kommen, wobei die, die spüren, dass sie nicht zu mir passen, freiwillig wegbleiben, sodass ich von immer mehr angenehmen und anregenden Menschen umgeben bin.

Wenn ich dann schließlich doch nach Hause gehe, merke ich schon an der Körpersprache der Anwesenden, wie sehr ich ihnen fehlen werde. Ich bezahle die Rechnung und die Kellnerin lächelt freundlich, ohne dass ein Zusammenhang zur Höhe meines Trinkgelds zu bestehen scheint. Manchmal habe ich das Gefühl, wir sind längst ein Paar, aber es wäre unsinnig, das zwischen uns so bezeichnen zu wollen, unsere Sprache hat gar keine Begriffe für so eine zarte Beziehung.

Auf dem Heimweg finde ich in meiner Hosentasche einen Zettel, den mir die Kneipengäste aus meiner idealen Kneipe unbemerkt zugesteckt haben müssen. Die wenigen Worte, die dort stehen, sind für mich so rührend und sprechen von solcher Sympathie für mich, dass sie mir die Kraft geben, bis zu meinem nächsten Besuch in meiner idealen Kneipe zäh und unermüdlich meine unmenschlich harte Arbeit zu tun. Diese Worte lauten: »Jochen, wir wissen, wie schwer Du es hast und was es bedeuten muss, alles zu ertragen, was das Leben Dir zumutet, aber gib bitte nicht auf, wir brauchen Dich. Nichts würde uns so glücklich machen, wie zu erleben, dass es Dir wieder besser geht. Unsere größte Sorge ist, dass wir an deinem Zustand schuld sein könnten. Wenn das so sein sollte, weil wir vielleicht zu laut waren oder Dich nicht genug beachtet haben, dann sei uns bitte nicht böse. Du musst wissen, dass unser Leben ohne Dich viel ärmer wäre. Für viele von uns bist Du das einzige Licht in einer langen Nacht ohne Morgen. Es bricht uns das Herz, dass das Mädchen, in das Du verliebt bist, Dich nicht wollte und dass Du solchen Kummer hast, aber glaub uns, das geht vorbei. Wir werden jedenfalls nicht ruhen, bis wir die Richtige für Dich gefunden haben. Es wäre einfach ungerecht, wenn so ein lieber Mensch wie Du sein Glück nicht findet. Bis es soweit ist, kannst Du jederzeit zu uns in die Kneipe kommen, wir freuen uns auf Dich. Komm bald wieder, deine Kneipengäste.«

LISTE DER ERSTVERÖFFENTLICHUNGEN

Alle bereits veröffentlichten Texte wurden für die vorliegende Buchausgabe vollständig überarbeitet.

Alternativen zum Schreiben, unveröffentlicht.

Abschied aus einer Umlaufbahn, unveröffentlicht.

Berlin, Ecke Schönhauser, Mittwoch um 11, unveröffentlicht.

Ich weiß nicht mal mehr, wie das Spiel ausgegangen ist, in: Ostermeier, Rinke, Bönt (Hg.), »Titelkampf«, Suhrkamp 2008.

Und einen Fetzer, schreibheft – Zeitschrift für Literatur, Nr. 68, April 2007.

Meine Todesängste, Literaturen, April 2010.

Andere Kinder wären froh, unveröffentlicht.

Zweitälteste Frau der Welt, das magazin, September 2010.

Geschäftsleben, in: Jan Kummer, »Atlas der Kunst«, Ziegenfeldt Verlag 2009.

Badewanne, Literaturen, November / Dezember 2009.

Märkische Oderzeitung vom 10. September 2008, in: Fuchs, Kampa et al., »Chaussee der Enthusiasten – Straße ins Glück«, Voland & Quist 2009.

Mein Gehen, Literaturen, März 2010.

Danke, BRD!, in: Roland Koberg (Hg.), »Ost / West – Ein deutscher Stoff.«, Blätter des Deutschen Theaters 1, Mai 2005.

Tocotronic haben jetzt einen vierten Mann …, in: Jörn Morisse (Hg.), »The Gold Collection«, Suhrkamp 2007.

Die Aufkündigung der Gastfreundschaft …, in: Jörn Morisse (Hg.), »Saturday Night: Geschichten«, Piper 2009.

Zu jung zum Sterben, Süddeutsche Zeitung, 2.1.2010.

Wie ich mal zehn überflüssige Informationen benötigte, in: Chaussee der Enthusiasten (Hg.), Brillenschlange, Heft 9, Frühjahr 2008.

Industriegeschichten, Süddeutsche Zeitung 3.9.2009.

Zehn Minuten Zeit, in: Fuchs, Kampa et al., »Chaussee der Enthusiasten – Straße ins Glück«, Voland & Quist 2009.

Ideale Wohnungen, unveröffentlicht.

Der Lehrkörper und sein Gehäuse, Süddeutsche Zeitung, 9.4.2010.

Der große Schweiger, unveröffentlicht.

Die ideale Gutenachtgeschichte, Titanic, Februar 2009.

Meine Unpünktlichkeit, Süddeutsche Zeitung, September 2009.

Der Ironie-Man auf Hawaii, unveröffentlicht.

Wie ich mal wie Judith Hermann schreiben wollte, in: Kampa, Naumann et al., »Chaussee der Enthusiasten – Die schönsten Schriftsteller ...«, Voland & Quist 2005.

Fußball gucken mit Freunden, Zitty, 2.6.2010.

Wo ist Papa?, unveröffentlicht.

Trittschall, unveröffentlicht.

Eigentlich tanze ich ganz gerne, Tagesspiegel, 5.4.2009.

Erwartung ..., unveröffentlicht.

Die Stellen zwischen den Stellen, Literaturen, Juni 2010.

Ein Leben ohne Phlox ist ein Irrtum, Edit Nr. 41, 2006.

Die ideale Kneipe, unveröffentlicht.